MANUEL

D'ARPENTAGE.

Par M. LACROIX,

MEMBRE DE L'INSTITUT.

PARIS.

A LA LIBRAIRIE ENCYCLOPÉDIQUE DE RORET,

RUE HAUTEFEUILLE, N° 10 BIS, AU COIN DE LA RUE DU BATTOIR.

MANUEL

D'ARPENTAGE.

PARIS. — IMPRIMERIE ET FONDERIE DE FAIN,
RUE RACINE, N°. 4, PLACE DE L'ODÉON.

MANUEL

D'ARPENTAGE,

OU

INSTRUCTION ÉLÉMENTAIRE

SUR CET ART ET SUR CELUI

DE LEVER LES PLANS;

PAR S.-F. LACROIX.

CINQUIÈME ÉDITION,
REVUE ET CORRIGÉE.

PARIS,

A LA LIBRAIRIE ENCYCLOPÉDIQUE DE RORET,
RUE HAUTEFEUILLE, AU COIN DE CELLE DU BATTOIR.

—

1834.

TABLE DES MATIÈRES.

———

DEUXIÈME PARTIE,

DE LA LEVÉE DES PLANS.

EXPOSITION

DES MESURES DÉCIMALES ET DES ANCIENNES MESURES.

PREMIÈRE PARTIE.

EXPLICATION GÉNÉRALE DU NOUVEAU SYSTÈME MÉTRIQUE.

DEUXIÈME PARTIE,

DU CALCUL DES AIRES ET DES VOLUMES.

NOTES

TABLES.

FIN DE LA TABLE.

MANUEL

D'ARPENTAGE,

OU

INSTRUCTION ÉLÉMENTAIRE

SUR CET ART ET CELUI DE LEVER LES PLANS (1).

Du mot *arpent,* appliqué à diverses mesures agraires en usage en France, on a formé AR-PENTAGE, pour désigner l'art de mesurer l'étendue des terres, ce qui se fait, soit immédiatement sur le terrain, soit sur le plan qu'on en a *levé,* et qui le représente en petit. De là vient que l'on comprend quelquefois dans la définition de l'arpentage l'*art de lever les plans,* mais à tort ; car l'un n'emploie tout au plus

(1) Cet ouvrage est extrait du *Nouveau Cours complet d'Agriculture,* en 16 vol. in-8., publié par J. Déterville.

1

que les procédés les plus élémentaires de l'autre, qui s'étend à la construction des cartes des régions les plus considérables, et jusqu'à la mesure de la circonférence de la terre. Tous deux empruntent le secours de la *géométrie*, science qui paraît devoir sa naissance au besoin qu'on eut, presque dès l'origine des sociétés, de fixer et de reconnaître les limites des champs. Ce n'est aussi qu'à ce besoin que doivent satisfaire les notions d'arpentage qu'il est convenable d'insérer dans un livre de la nature de celui-ci ; car on ne saurait aller au delà sans entrer dans un détail de méthodes et d'instrumens qui suppose une connaissance assez étendue de diverses branches de mathématiques , pour laquelle il est indispensable de recourir aux traités spéciaux , très-multipliés et très-répandus.

Mais les premières notions , qui s'appuient sur un petit nombre de vérités géométriques presque évidentes par elles-mêmes , peuvent être néanmoins très-utiles à l'habitant des campagnes , parce qu'elles le mettent en état de connaître ou de vérifier par lui-même la *contenance* des pièces de terre qu'il emploie , de celles qu'il voudrait échanger pour réunir des propriétés trop morcelées, et de substituer, dans les transactions qui l'intéressent le plus, sa propre conviction à la confiance plus ou moins aveugle qu'il est obligé d'avoir dans les arpenteurs de profession. Ces mêmes notions devraient entrer dans l'instruction de quiconque sait écrire et calculer; car en donnant aux nombres un objet sensible, et en obligeant à tirer des lignes, à tracer des plans, elles offrent à la fois le meilleur moyen d'exercer l'intelligence et de préparer la main au genre de dessin nécessaire pour représenter les machines et les travaux des arts de construction, dessin dont il importe beaucoup de répandre les élémens. (*Voyez*, dans mes *Essais sur l'Enseignement en général, et sur celui des mathématiques en particulier*, ce qui regarde le dessin.)

PREMIÈRE PARTIE,

DE L'ARPENTAGE SUR LE TERRAIN.

1. C'EST uniquement de la superficie ou de l'*aire* du terrain que s'occupe l'arpentage, c'est-à-dire d'une étendue qui n'a que deux dimensions, *longueur* et *largeur*, et il la suppose d'abord plane, ou du moins n'ayant que des inégalités trop petites pour qu'il soit nécessaire d'en tenir compte.

Ce Manuel étant destiné aux personnes qui n'ont aucune connaissance de la géométrie, nous les prévenons qu'il est à propos qu'elles prennent la peine d'exécuter toutes les opérations, qu'elles tracent toutes les figures que nous indiquons : c'est le seul moyen de comprendre les procédés que nous enseignons, et les raisonnemens qui en font sentir la justesse.

2. Les figures auxquelles on rapporte l'aire d'un terrain pour la mesurer, et qu'il est nécessaire de savoir construire, ont leur contour formé de *lignes droites*.

3. Tout le monde entend par une ligne droite le plus court chemin pour aller d'un point à un autre, quand il n'y a aucun obstacle interposé.

Deux points déterminent une ligne droite, c'est-à-dire que dès qu'on voit deux points, on conçoit sur-le-champ la ligne qui va de l'un à l'autre, et on ne peut la prolonger que d'une seule manière, de chaque côté de ces points.

2. AB, *figure* 1re., est une ligne droite déterminée par les points A et B ; et les prolongemens ponctués AC et BD ne forment encore avec AB qu'une même ligne droite.

4. Pour tracer une ligne droite sur le terrain il suffit de planter un piquet à chacune de ses extrémités, et de tendre de l'une à l'autre un cordeau.

Si cette ligne doit être d'une grande étendue, il faut marquer plusieurs points entre ses extrémités; ce qui se fait en plaçant des piquets, de manière que, lorsqu'on se met à quelque distance derrière le premier, il cache parfaitement tous les autres : cela prouve qu'ils sont dans la direction du rayon visuel qui va d'une extrémité à l'autre de la ligne, et qui est toujours droite. *Voyez la figure* 2.

1*

C'est là ce qu'on appelle *aligner* ou prendre un *alignement.*

C'est aussi en visant le long du bord d'une règle, comme si on voulait l'aligner sur un point, que l'on reconnaît si elle ne bombe pas, ou si elle ne creuse pas entre ses extrémités, et par conséquent si elle est bien dressée ou non.

Avec une règle bien dressée, on s'assure si une surface est plane ou non; car, dans le premier cas, le bord de la règle s'applique dans tous ses points sur cette surface, dans quelque sens qu'on le place, ce qui n'a pas lieu dans le cas contraire.

5. Pour tracer une ligne droite sur le papier, on se sert d'une règle bien dressée, qu'on applique contre les deux points par lesquels doit passer la ligne, et l'on fait glisser le long de cette règle un crayon ou une plume.

Si l'on veut que la ligne soit tracée bien exactement, il faut que le crayon soit taillé à plat, afin qu'il puisse s'appliquer immédiatement contre la règle. Cela n'est plus possible lorsqu'on se sert d'une plume. Il convient alors d'y mettre peu d'encre, afin qu'il n'en coule point de la règle sur le papier ; de plus, il ne faut pas placer la règle sur les points donnés, mais au-dessous, de manière que quand la plume est appuyée contre la règle, son bec puisse passer par ces points; et on doit avoir soin de le maintenir à la même distance de la règle dans toute la longueur de la ligne que l'on trace.

6. Deux lignes ne peuvent se couper qu'en un seul point, que l'on considère comme n'ayant aucune étendue.

AB et CD, *figure* 3, ont pour intersection le point E. Ce point est, à proprement parler, une petite surface; mais son étendue est d'autant moindre, que le trait des lignes AB et CD est plus fin, et l'on voit que, quand il s'agit des alignemens aperçus par l'œil, leurs intersections n'ont aucune étendue. C'est dans ce sens qu'on dit que *le point n'a aucune dimension.*

7. La ligne droite n'est pas la seule nécessaire aux opérations que j'ai à décrire; on y emploie encore la ligne courbe appelée *circonférence du cercle,* qui sert à marquer sur un plan tous les points qui sont à une distance donnée d'un point donné sur ce plan. Sur le terrain, elle se décrit avec un cordeau dont on fixe une des extrémités au point donné, autour duquel on fait tourner l'autre extrémité, en tenant le cordeau tendu; cette dernière extrémité passe

ainsi par une suite de points qui sont tous éloignés du premier d'une quantité égale à la longueur du cordeau.

Pour tracer une circonférence de cercle sur le papier, on emploie l'instrument appelé *compas*, qui est à peu près connu de tout le monde, ainsi que la manière dont on s'en sert. Dans ceux dont on fait usage pour tracer des cercles, une des pointes peut s'ôter pour la remplacer, soit par un *porte-crayon*, soit par un *tire-ligne;* on peut, à la rigueur, s'en passer dans beaucoup de cas où le cercle ne doit pas rester sur la figure : on le trace alors en appuyant un peu la pointe sur le papier ; cela s'appelle *tracer à la pointe sèche*. Quand on veut tracer à *l'encre,* on y parvient encore assez bièn , avec un peu d'adresse, en piquant la pointe du compas dans un bout de plume taillée fin et un peu dure.

8. La considération de la circonférence du cercle a fait naître les définitions et les dénominations suivantes :

La circonférence du cercle, ou *la ligne circulaire, est une ligne courbe dont tous les points , situés sur le même plan , sont également éloignés d'un autre point pris dans ce plan , et que l'on nomme* centre.

Le cercle est l'espace renfermé par cette courbe.

La ligne BCD, *fig.* 4, est une *circonférence de cercle.*

Le point A en est le *centre.*

Les lignes AB, AC, AD, qui vont du centre à la circonférence, se nomment *rayons*, et sont toutes égales.

La ligne BF, qui passe par le centre et qui se termine des deux côtés à la circonférence, est un *diamètre.* Tous les diamètres sont égaux.

Ils partagent le cercle, ainsi que sa circonférence, en deux parties égales.

Toute portion de la circonférence d'un cercle se nomme *arc;* BC, CD, etc., sont des arcs de cercle.

9. La situation respective de deux lignes, AB et BC, *fig.* 5, qui se rencontrent en un point B, dépend de l'espace qu'elles comprennent entre elles, et qu'on nomme *angle.* Il faut bien remarquer que l'on n'envisage cet espace que par rapport à son ouverture, et qu'ainsi l'angle formé par les lignes AC et BC est plus grand que l'angle formé par les lignes DE et EF, quoique celles-ci soient plus longues, parce que si on découpait le papier suivant les lignes

DE et EF, puis qu'on plaçât le morceau sur l'angle ABC, en mettant DE sur AB, et le point E sur le point B, la ligne EF tomberait en dedans de l'angle ABC, en BG.

Les lignes qui forment un angle en sont les *côtés;* le point où elles se rencontrent est le *sommet.*

On voit, par ce qui précède, que la grandeur d'un angle ne dépend pas de la longueur de ses côtés.

Dans le discours, on désigne les angles par trois lettres, en plaçant au milieu celle qui occupe le sommet. Les angles de la *figure* 5 se nommeraient ainsi ABC et DEF, parce que le sommet de l'un est en B, et celui de l'autre en E. Quelquefois aussi, quand il n'y a pas de confusion à craindre, on n'emploie que la lettre du sommet : on dirait bien ici l'angle E, puisqu'il n'y a qu'un seul angle à ce point.

On ne pourrait pas énoncer de même les quatre angles qui ont leur sommet en E dans la *figure* 3 ; il faut nécessairement écrire pour chacun les lettres qui le distinguent des autres.

10. Parmi les diverses situations que peuvent prendre, à l'égard l'une de l'autre, deux lignes qui se rencontrent, il y en a une si remar-

quable, que tout le monde la connaît et la juge : je veux parler des *lignes perpendicu-laires entre elles.*

La *figure* 6 représente cette situation.

La ligne DC, qui tombe sur la ligne AB, sans pencher ni vers le point A, ni vers le point B, est *perpendiculaire* sur cette ligne ; telle est la direction que le *fil à plomb* dont se servent un grand nombre d'ouvriers, prend, lorsqu'il tombe sur une ligne située dans un plan ho-rizontal ou de niveau.

11. Les deux angles ACD et BCD, que la perpendiculaire DC fait avec la ligne AB, sont égaux ; on les nomme *angles droits.*

Toute ligne qui n'est pas perpendiculaire sur une autre, est *oblique* à l'égard de cette autre ; telle est CE, *fig.* 7 ; celle-ci fait avec AB deux angles ACE et BCE, qui sont inégaux.

L'angle ACE, plus petit que l'angle droit ACD, est *aigu.*

L'angle BCE, plus grand que l'angle droit, est *obtus.*

12. La perpendiculaire DC, *fig.* 8, est évi-demment le plus court chemin pour aller du point D à la droite AB.

13. Si de chaque côté du point C, où la

perpendiculaire DC rencontre AB, on prend
des distances CE et CF égales, chaque point
de la perpendiculaire sera autant éloigné du
point E que du point F, c'est-à-dire que les
obliques qui, comme GE et GF, *s'écartent
également du pied* C *de la perpendiculaire,
sont égales*.

C'est d'après ce principe que l'on parvient à
mener une ligne perpendiculairement à une
autre, opération qui revient souvent dans l'arpentage. Voici les procédés pour l'exécuter,
d'abord sur le papier, et ensuite sur le terrain, suivant les diverses circonstances qui
peuvent se présenter.

14. Supposons d'abord que la perpendiculaire doive partir d'un point C, *fig.* 9, pris sur
la ligne AB; on portera sur cette ligne, de
chaque côté du point C, deux distances égales
CE et CF; du point E comme centre, avec
une ouverture de compas prise à volonté, mais
cependant plus grande que EC, on décrira
un arc de cercle GII, puis, conservant la même
ouverture de compas, on prendra pour centre
le point F, duquel on décrira l'arc IK : ces deux
arcs se couperont en un point qui sera évidemment à égale distance du point E et du point

F, et par conséquent situé sur la perpendiculaire cherchée.

Si le point C était à l'extrémité de la ligne donnée, en sorte qu'il n'y eût de tracée que la partie AC, il faudrait prolonger cette partie au delà du point C vers B.

15. Si l'on doit élever la perpendiculaire sur le milieu de AB, on le pourra sans qu'il soit besoin de connaître ce point ; car il n'y aura qu'à prendre les points A et B pour centres des arcs indiqués dans l'opération précédente, et décrire de chacun de ces points deux arcs du même rayon, l'un au-dessus de AB, et l'autre au-dessous, comme on le voit dans la *fig.* 10 : on trouvera ainsi les points D et L, évidemment à égale distance du point A et du point B. La ligne qui les joindra sera par conséquent perpendiculaire sur AB ; et, comme elle aura tous ses points à égale distance des extrémités A et B, le point C où elle rencontrera AB en sera nécessairement le milieu. L'opération que nous venons d'enseigner peut donc aussi servir à partager une droite en deux parties égales.

16. Si la perpendiculaire doit partir d'un point D, *fig.* 11, donné hors de la ligne AB, il faut d'abord décrire de ce point comme cen-

tre, et avec un rayon plus grand que la distance DC, à la ligne AB, une portion de cercle
qui marquera deux points E et F, dont le point
D sera également éloigné; il ne restera plus
qu'à trouver un autre point L qui soit aussi à
égale distance des points E et F, ce qui se fera
comme précédemment. Si la droite AB n'est pas
assez longue, au delà du point C, pour qu'on
puisse y trouver le point F, il faudra la prolonger.

17. Les trois opérations décrites ci-dessus
s'exécutent très-aisément sur le terrain avec un
cordeau et des piquets. Pour la première, on
prendra un cordeau plus long que la ligne EF,
fig. 9, on en marquera le milieu; et, ayant fixé
les extrémités aux points A et B, on le tirera
par son milieu de manière que ses deux moitiés
soient également tendues: ce milieu marquera
alors le point D.

Pour la seconde, il faudra de plus passer le
cordeau au-dessous de la ligne AB, *fig.* 10,
afin de trouver le point L; et plantant des piquets aux points D et L, ils donneront l'alignement de la perpendiculaire.

Lorsque la perpendiculaire doit partir d'un
point D, pris hors de la ligne AB, *fig.* 11, on

commence par fixer le milieu du cordeau à ce point, et on tend ses moitiés jusqu'à ce que leurs extrémités tombent sur la ligne AB. Ayant trouvé de cette manière les points E et F, on y fixe les extrémités du cordeau ; on détache son milieu, et on le passe de l'autre côté de la ligne, comme il vient d'être dit, ce qui donne le point L. On pourrait se contenter aussi de déterminer le point C, milieu de EF.

18. On ne saurait de cette manière opérer que lentement, dans un très-petit espace, et souvent avec peu de précision, à cause de la difficulté de tendre également les parties du cordeau, surtout quand son milieu est fixé. Pour éviter ces inconvéniens, on emploie un instrument nommé *équerre d'arpenteur*. On lui donne plusieurs formes ; mais je pense que celle que représente la *figure* 12 est la plus avantageuse. Les deux directions perpendiculaires y sont marquées par des plaques fendues, ou *pinnules*, placées aux extrémités de deux diamètres se coupant à angle droit dans un cercle. On pose cet instrument sur un pied, ou piquet, qui s'enfonce en terre.

Quand on vise sur un point B, à travers les fentes des pinnules du même diamètre, les deux autres marquent la direction perpendiculaire ; en sorte que si l'on fait planter des piquets dans l'alignement de ces dernières, ils indiqueront la perpendiculaire élevée, par le pied de l'équerre , sur la droite qui répond au premier alignement.

L'exactitude de l'équerre consistant dans l'égalité des quatre angles formés par les deux diamètres , on la vérifie aisément de la manière suivante :

On fait planter deux piquets A et D dans la direction de ces deux diamètres ; on tourne ensuite l'équerre sur son pied , jusqu'à ce que la pinnule d , qui répondait au piquet D, vienne dans l'alignement du piquet A ; si l'équerre est exacte, il faut que la pinnule b , dirigée d'abord sur le point B , soit placée dans l'alignement du piquet D.

On sent qu'il n'est pas toujours nécessaire de planter des piquets ; on peut se contenter de remarquer, sur les objets environnans, les points auxquels répondaient les deux pinnules b et d. Plus ces points seront éloignés de l'instrument, plus la vérification sera sûre (1).

_____

(1) J'ai décrit l'équerre d'arpenteur sous la forme la

Quand on veut employer cet instrument à mener une perpendiculaire par un point pris hors d'une ligne, il faut recourir à une espèce de tâtonnement, qui consiste à placer le pied de l'instrument sur différens points de la ligne AB, jusqu'à ce qu'on soit parvenu à celui dans lequel l'un des diamètres étant dirigé sur AB, l'autre réponde au point D. Avec un peu d'habitude, on a bientôt trouvé, de cette manière,

---

plus ancienne, qui me paraît en même temps la plus commode et la plus simple ; on lui en donne maintenant une autre plus portative, mais qui semble moins exacte, parce que l'intervalle entre les deux fentes qui tiennent lieu de pinnules est plus court, et ensuite, parce que, formant devant l'œil une sorte d'écran, elle empêche qu'on ne reconnaisse aisément le point sur lequel on vise, puisqu'elle dérobe la vue des objets environnans qui aideraient à le distinguer.

On ajoute aux équerres des pinnules, ou des fentes, qui indiquent la direction qui tient le milieu entre la droite et sa perpendiculaire ; mais cet accessoire n'est pas indispensable à l'arpentage.

Je termine en observant que si l'on traçait avec soin, sur une planche bien droite et assez épaisse, deux lignes perpendiculaires, et qu'on plantât à leurs extrémités quatre aiguilles très-fines et très-droites, on aurait à peu de frais un instrument qui pourrait servir lorsqu'il ne s'agirait pas d'opérer bien en grand.

2*

le point C, auquel on plante ensuite un piquet ; et si on mesure l'intervalle DC, on a la plus courte distance du point D à la ligne AB.

19. Après les lignes perpendiculaires, se présentent les *lignes parallèles*, qui se montrent dans toutes les constructions d'édifices réguliers, et que tout le monde connaît par cette raison.

On juge que deux lignes sont *parallèles* lorsqu'elles conservent dans toute leur étendue la même distance ; telles sont les lignes CD et EF, *fig.* 13.

Pour leur donner cette situation, je les ai menées perpendiculairement à la même droite AB, parce qu'alors ne penchant d'aucun côté de AB, elles ne tendent ni à s'approcher ni à s'éloigner entre elles.

20. On voit par-là que, pour mener par un point E, *fig.* 14, une ligne qui soit parallèle à une ligne donnée CD, il faut abaisser du point E une perpendiculaire EC sur CD, puis par un autre point quelconque D, pris sur la droite CD elle-même, élever une perpendiculaire DF, sur laquelle on portera la distance EC, ce qui donnera le point F : en tirant la ligne droite EF, on aura la parallèle demandée.

On abrège l'opération, en se bornant à chercher par tâtonnement, l'ouverture de compas avec laquelle on pourrait décrire, du point E comme centre, un arc de cercle qui ne fît que toucher la ligne CD; puis avec cette ouverture, et du point D comme centre, on décrit un arc de cercle, et on tire la ligne EF, de manière qu'elle ne fasse que toucher cet arc, et qu'elle passe en outre par le point E.

21. S'il s'agissait de mener la parallèle EF, *fig.* 15, à une distance donnée de la droite CD, il faudrait, par deux points quelconques C et D de cette dernière, élever les perpendiculaires CE et DF, qu'on ferait de même longueur, ou seulement décrire avec la distance donnée, prise pour rayon, des arcs de cercle, sur le sommet desquels on ferait passer la ligne EE, qui serait la parallèle demandée.

Les procédés indiqués seraient faciles à modifier pour être exécutés sur le terrain, soit avec le cordeau et les piquets, soit avec l'équerre d'arpenteur; ainsi je passe maintenant à la construction des figures auxquelles on rapporte les superficies ou les aires à mesurer.

22. La manière la plus simple de fermer un espace exige trois lignes droites; il en résulte la figure ABC, *fig.* 16, que l'on nomme *trian-*

gle, et où l'on distingue trois côtés, AB, AC, BC, et trois angles, A, B, C. En joignant donc par des droites trois points quelconques, on forme toujours un triangle.

23. Viennent ensuite les *quadrilatères*, qui sont les figures de quatre côtés : la *fig.* 17 en représente un quelconque ; mais dans cette espèce de figures on distingue séparément, sous le nom de *parallélogrammes*, celles dont les côtés opposés sont parallèles.

ABCD, *fig.* 18, représente un parallélogramme ; et entre ces derniers, on considère encore à part, sous le nom de *parallélogrammes rectangles*, ou simplement de *rectangles*, ceux dont les côtés contigus sont perpendiculaires.

ABCD, *fig.* 19, est un rectangle ; c'est aussi ce que l'on appelle vulgairement un *carré long* ; parce que l'on nomme *carré* le rectangle dont les quatre côtés sont égaux, comme dans la *fig.* 20.

24. Pour construire un carré, lorsque la grandeur de son côté est donnée, il faut tirer une droite AB de cette longueur, élever en A et en B des perpendiculaires AD et BC, qu'on fait de la même longueur que AB ; et tirant DC, on achève de fermer la figure.

25. Le carré, à cause de sa régularité, a été choisi pour mesurer les surfaces. On prend pour unité celui qui a pour côté l'unité linéaire : ainsi la *toise carrée* est un carré d'une toise de côté, le *mètre carré* a un mètre de côté. (*Voyez* plus loin l'EXPOSITION DES MESURES.)

Cela posé, mesurer une surface quelconque, c'est chercher combien de fois elle contient le carré pris pour unité. Si cette surface a la figure d'un rectangle **ABCD**, *fig.* 21, on pourra d'abord poser dans le sens de sa longueur autant de carrés égaux à *abcd*, que le côté *ab* sera contenu de fois dans **AB**; on en formera de cette manière une rangée, que l'on pourra répéter dans le rectangle autant de fois que la largeur de ce dernier contient le côté du carré *abcd*, c'est-à-dire autant de fois qu'il y a d'unités linéaires dans le côté **AD**. Le nombre total des carrés contenus dans le rectangle **ABCD** sera, par conséquent, égal au produit des nombres d'unités linéaires contenues dans les deux côtés contigus de ce rectangle. Sur la figure, l'un de ces côtés contient cinq parties, l'autre six; le nombre des carrés contenus dans le rectangle sera donc de 5 fois 6 ou 30. De là suit cette règle, que *la mesure d'un rectangle est égale au produit de sa longueur par sa largeur*.

26. Une simple multiplication suffit donc pour trouver la surface de cette figure ; mais le calcul demande quelques attentions particulières, lorsque les côtés ne contiennent pas un nombre exact d'unités. Le moyen le plus simple est de les exprimer par les fractions de la plus petite espèce, et de prendre alors pour unité de superficie le carré formé sur cette petite espèce, c'est-à-dire le *pied carré*, si l'on a réduit les longueurs en pieds ; le *pouce carré*, si on les a réduites en pouces, et ainsi de suite, parce qu'il est toujours aisé de convertir un nombre de pouces carrés en pieds carrés, puis un nombre de pieds carrés en toises carrées.

Soit, par exemple, un rectangle dont l'un des côtés ait 5 toises 2 pieds, et l'autre 6 toises 4 pieds ; en réduisant tout en pieds, on trouve 32 pieds et 40 pieds : le produit de ces nombres est 1280 pieds carrés. Pour rapporter cette mesure à la toise carrée, il faut diviser par le nombre de pieds carrés contenus dans une toise carrée ; et comme cette toise est un rectangle dont les deux côtés ont chacun 6 pieds de longueur, elle contient 36 pieds carrés : divisant donc 1280 par 36, on obtient 35 toises carrées, et il reste 20 pieds carrés. Telle est la mesure du rectangle proposé.

Cette manière d'opérer conduit souvent à de grands nombres, qu'on évite en décomposant la surface proposée, comme le montre la *fig.* 22. On prend d'abord la surface du rectangle ABCD, dont les côtés AD et AB sont respectivement de 5 toises et 6 toises, ce qui donne 30 toises carrées. Il reste à évaluer le rectangle BCEF, qui a 5 toises de longueur sur 4 pieds de largeur ; le rectangle CDGH, qui a 6 toises de longueur sur 2 pieds de largeur ; enfin, le rectangle CEIH, qui a 4 pieds de longueur sur 2 pieds de largeur. Le premier de ces 3 rectangles s'obtient en multipliant 5 toises par 4 pieds, qui sont les $\frac{2}{3}$ d'une toise ; il en résulte donc les $\frac{2}{3}$ de 5 toises carrées, ou 3 toises carrées et $\frac{1}{3}$, ou 3 toises carrées et 12 pieds carrés. Le rectangle CDGH a pour mesure 6 toises, multipliées par 2 pieds, ou par $\frac{1}{3}$ de toise, ce qui produit 2 toises carrées. Enfin, le rectangle CEIH, dont la longueur est de 4 pieds, et la largeur de 2, donne 8 pieds carrés. En réunissant les 4 nombres

	30 tois. c.	
3		12 p. c.
2		»
»		8

on trouve, comme ci-dessus, 35 tois. c. 20 p. c.

Cet exemple suffira à ceux qui possèdent le calcul des fractions, ou des parties aliquotes, pour les mettre en état d'opérer sur des nombres quelconques. L'usage des mesures décimales simplifie beaucoup ces sortes de calculs, ainsi qu'on le verra dans l'Exposition des Mesures.

27. On ne doit pas confondre les rapports des côtés des figures avec ceux de leurs surfaces. Lorsqu'on énonce, par exemple, 6 pieds en carré et 6 pieds carrés, la première surface, qui est la toise carrée, ayant 6 pieds de longueur sur autant de largeur, contient 36 pieds carrés, tandis que l'autre surface est seulement équivalente à 6 de ces pieds.

De même, quand on double la longueur des côtés d'un carré, on le rend quatre fois plus grand qu'il n'était d'abord, puisque, s'il avait 1 pied de côté, il en acquiert 2, et son aire contient par conséquent 4 pieds carrés.

28. La mesure du rectangle fait trouver aisément celles des triangles. Parmi ces derniers, je considérerai d'abord ceux qui ont deux côtés perpendiculaires, et qu'on nomme à cause de cela *triangles rectangles.* Tel est le triangle ABC de la *figure* 23, dans lequel le côté CB est per-

pendiculaire sur le côté AB, et l'angle B est par conséquent droit.

Si l'on mène par le point A la ligne AD parallèle à BC, et par le point C la ligne CD parallèle à AB, on formera un rectangle ABCD dont le triangle ABC sera évidemment la moitié. Ce rectangle aura pour mesure le produit de sa longueur AB par sa largeur BC (*voyez* ci-dessus n°. 25). Le triangle ABC, qui en est la moitié, aura donc pour mesure la moitié du produit de ses deux côtés perpendiculaires AB et BC, ou, ce qui revient au même, le produit de l'un d'eux par la moitié de l'autre. AB, par exemple, étant égal à 7 unités, et BC à 4, on aura 2 fois 7 ou 14 pour la surface du triangle ABC.

Un triangle quelconque peut toujours être ramené à deux triangles rectangles, en abaissant de l'un de ses angles une perpendiculaire sur le côté opposé ; ce qui présente deux cas, selon que la perpendiculaire tombe en dedans du triangle, comme dans la *fig.* 24, ou en dehors, comme dans la *fig.* 25.

Cela posé, le triangle ADC, *fig.* 24, étant rectangle en D, aura pour mesure, d'après ce qui vient d'être dit, le produit de AD, par la

moitié de DC ; de même le triangle BDC aura
pour mesure le produit de BD par la moitié de
DC : en ajoutant ces produits, on aura la surface du triangle proposé ABC, puisqu'il est la
réunion des deux autres. Il est à remarquer
que ces produits étant formés avec un multiplicateur commun, qui est la moitié de DC, on
en trouverait immédiatement la somme en prenant pour multiplicande la somme des multi-
plicandes partiels AD et BD, c'est-à-dire le
côté AB tout entier. En supposant que AB
contienne 14 unités, et DC, 6, on aura donc 3
fois 14, ou 42, pour la surface du triangle.

Dans la *fig.* 25, le calcul des triangles rectangles ADC et BDC est encore le même ;
mais il faut prendre la différence des produits, parce que le triangle proposé ABC
est l'excès du triangle ADC sur le triangle
BDC. Au lieu de multiplier séparément AD et
BD par la moitié de DC, pour retrancher ensuite le second produit du premier, on pourra
prendre d'abord l'excès de AD sur BD, qui est
précisément le côté AB, pour le multiplier par
la moitié de CD. Le côté AB contenant 10 unités, par exemple, et DC, 8, on aura 4 fois 10,
ou 40 unités carrées pour la surface du triangle ABO.

Le côté du triangle sur lequel on abaisse la perpendiculaire se nomme *base*, et la perpendiculaire, *hauteur*. On voit donc : d'après ce qui précède, que *la mesure de l'aire d'un triangle est le produit de sa base par la moitié de sa hauteur.*

29. Des triangles on passe aux parallélogrammes. En tirant dans le parallélogramme ABCD, *fig.* 26, de l'un des angles à son opposé une ligne AC, que l'on nomme *diagonale*, on partage ce parallélogramme en deux triangles qui sont visiblement égaux ; l'un d'eux, le triangle ABC, par exemple, a pour mesure, d'après le n̊. précédent, la moitié du produit de sa base AB par sa hauteur CE: le parallélogramme étant double du triangle, aura donc pour mesure ce produit **tout** entier.

Il faut observer que la perpendiculaire CE marque la *hauteur* du parallélogramme, et que donnant alors au côté AB le nom de base, on dit que *l'aire d'un parallélogramme est égale au produit de sa base par sa hauteur.*

30. Dans les quadrilatères, on distingue encore le *trapèze*, qui n'a que deux côtés parallèles : ABCD, *fig.* 27, est un trapèze. On le partage en deux triangles, en tirant une dia-

gonale AC. Le triangle ABC a pour mesure AB
multipliée par la moitié de CE, et le triangle
ACD, CD multipliée par la moitié de AF; mais
AF est évidemment égale à CE, à cause du pa-
rallélisme des lignes AB et CD : le multiplicateur sera donc le même dans les deux produits, et l'on aura par conséquent la somme
de ces produits, ou l'aire du trapèze, en multipliant tout de suite la somme des multipli-
candes CD et AB, par le multiplicateur commun, qui est la moitié de la hauteur CE.

Il suit de là que *l'aire d'un trapèze a pour
mesure le produit de la somme de ses deux
côtés parallèles, par la moitié de leur distance perpendiculaire.*

Si AB contenait 9 unités, **CD**, 3, **CE**, 4,
l'aire du trapèze s'obtiendrait en ajoutant les
nombres 9 et 3, et multipliant leur somme 12
par la moitié de 4, ou 2, ce qui donnerait 24.

31. Avec les règles précédentes, on mesure
tout terrain dont le contour est composé d'un
nombre quelconque de lignes droites, pourvu
qu'on puisse le parcourir dans tous les sens. Il
suffit pour cela de joindre l'un de ses angles à
tous les autres, en traçant dans son intérieur
des lignes *diagonales*, comme on le voit dans

la *fig.* 28. Il se trouve partagé en triangles, dont on calcule séparément l'aire, en mesurant le côté sur lequel on a abaissé la perpendiculaire, et cette perpendiculaire elle-même; la somme de tous les résultats donne la surface du terrain proposé.

32. Il y a une autre manière de décomposer en figures simples un terrain quelconque, par laquelle on a moins de lignes à mesurer que par la précédente. Au lieu de mener des diagonales d'un angle à tous les autres, on tire une ligne, comme AD, *fig.* 29, qui traverse le terrain dans sa plus grande longueur; et de chacun de ses angles on abaisse une perpendiculaire sur cette ligne : le terrain se trouve alors partagé en triangles rectangles, et en trapèzes dont deux côtés sont perpendiculaires au troisième.

L'aire de chaque triangle s'obtiendra en prenant la moitié du produit de sa hauteur, qui est la perpendiculaire abaissée de son sommet sur la ligne AD, par sa base, qui est la distance du pied de cette perpendiculaire à l'une ou à l'autre des extrémités de la ligne AD que je nommerai *directrice*.

Pour calculer chaque trapèze, B *bc* C, par

3*

exemple, on regardera les perpendiculaires B*b*
et C*c* comme les bases, et on prendra *bc* pour
la hauteur.

Cela fait, la somme des aires des triangles et
de tous les trapèzes dont la figure est composée
donnera celle du terrain.

33. Le procédé exposé dans l'article précédent a, sur celui du n° 3ı, l'avantage d'être
applicable aux terrains dont on ne peut point
parcourir l'intérieur dans tous les sens. La *fig.*
3o représente cette application : on y a d'a-
bord tiré une directrice AB, de manière que
ses extrémités dépassent les parties du terrain
qui s'avancent le plus de chaque côté ; aux
points A et B, on a élevé deux nouvelles directrices AD et BC, perpendiculaires à la première ; puis on en a tiré une quatrième DC,
perpendiculaire sur AD, et qui achève d'envelopper le terrain dans un rectangle ; enfin, de
chacun des angles du terrain, on a abaissé, sur
ces directrices, des perpendiculaires qui partagent en trapèzes ou en triangles rectangles
tout l'aspace compris entre le rectangle ABCD
et le terrain proposé. Si on avait en effet mesuré les hauteurs et les bases de ces trapèzes et
de ces triangles, on en calculerait les aires d'a-

près les règles données ci-dessus; puis on en ferait la somme pour la retrancher de l'aire du rectangle ABCD, et l'on aurait celle du terrain proposé, quelque irrégulière que fût sa figure.

34. Si le terrain à mesurer n'est pas terminé par des lignes droites, on pourra toujours l'envelopper dans une figure rectiligne qui en diffère très-peu, ou faire passer chaque côté de cette figure, partie intérieurement, partie extérieurement, au terrain proposé, de manière que les portions ajoutées au terrain, dans la figure, compensent celles qui sont restées en dehors, ainsi que le montre la *fig.* 31; ce qui sera toujours aisé à faire, quand on aura multiplié assez les lignes droites, dans le contour du terrain, pour n'avoir à estimer à vue que des portions fort petites.

Les simplifications que les diverses formes de terrain pourraient apporter dans les procédés ci-dessus, donneraient lieu à beaucoup de remarques qui ne sauraient trouver place ici; mais tout lecteur susceptible d'attention et qui se sera exercé, en commençant par des exemples faciles, sur les opérations que je viens d'indiquer, imaginera sans peine les expédiens

convenables aux circonstances qu'il rencontrera : la vue du terrain en suggère beaucoup
plus que l'on n'en saurait rapporter dans un
traité même assez développé.

Pour avoir mis le lecteur en état d'arpenter
sur place un terrain quelconque, qui serait à
peu près horizontal, il ne me reste plus qu'à
parler de la manière dont on prend sur le terrain la mesure des lignes, parce que j'ai déjà
dit aux n°ˢ. 17 et 18 comment on mène les perpendiculaires.

35. On emploie pour mesurer une distance
soit des mesures inflexibles, comme une toise,
une perche ; soit un cordeau divisé par des
nœuds, en un certain nombre d'unités ; soit
une chaîne ; et dans quelques parties de la
France on se sert d'un grand compas de bois,
de trois à quatre pieds de longueur, portant
entre ses branches un arc de fer, sur lequel
sont indiquées les diverses longueurs qu'embrassent les ouvertures qu'on lui donne. Ce
dernier instrument devrait être entièrement
rejeté, d'abord parce qu'il est défectueux en
lui-même, ensuite parce qu'il est difficile par
son moyen de mesurer bien en ligne droite, et
enfin parce que les pointes s'enfonçant plus

ou moins, suivant la consistance du terrain sur lequel on passe, les enjambées du compas ne sont pas toutes égales ; et comme une médiocre distance en contient un grand nombre, la plus petite erreur, étant répétée autant de fois, donne lieu à des inexactitudes assez considérables.

Le moyen le plus exact et en même temps le plus simple de mesurer une distance, est d'employer deux perches de bois bien sec, qu'on a divisées d'avance avec soin, suivant la mesure adoptée, soit la toise, soit le mètre. Pour en faire usage, on tend un cordeau dans la direction de la ligne à mesurer, qui est marquée par un nombre suffisant de piquets (n°. 4), et on pose les deux perches bout à bout le long de ce cordeau, puis on relève la première perche pour la placer à la suite de la seconde. En continuant de cette manière jusqu'à ce que l'on soit parvenu à l'extrémité de la ligne, avec l'attention d'éviter, dans le placement successif des perches, tout choc qui pourrait déplacer celle sur laquelle on s'appuie, on obtiendra une mesure très-exacte, surtout si l'on a soin de placer les perches horizontalement, en élevant celle de leurs extrémités qui serait la plus basse,

bien d'aplomb sur l'extrémité qui lui correspond dans la perche précédente : la *figure* 32
représente cette dernière opération.

On peut, à la vérité, se passer le plus souvent de ces précautions minutieuses ; mais il
n'est jamais bien sûr de substituer aux perches
un cordeau, parce que sa longueur peut varier
à chaque instant, suivant la force avec laquelle
il est tendu. C'est pour éviter cet inconvénient
que les arpenteurs font usage d'une chaîne de
fer, terminée par deux anneaux que l'on fixe
sur le terrain avec des piquets de fer appelés
fiches. L'inspection de cette chaîne en fera
mieux connaître l'usage que la description que
j'en donnerais ici ; mais j'indiquerai la manière
dont on se sert des fiches, pour prévenir les
erreurs que l'on peut commettre dans le nombre de fois que l'on place la chaîne sur une
même direction.

Deux personnes portent la chaîne : celle qui
marche devant a dans sa main toutes les fiches,
au nombre de dix, et en plante une dans l'anneau qu'elle tient ; après avoir tendu la chaîne
sur le terrain dans la direction convenable.
Cela fait, elle enlève la chaîne, se remet en
marche jusqu'à ce que la personne qui porte

l'autre extrémité de cette chaîne soit arrivée à
la fiche plantée, et y ait placé l'anneau qu'elle
tient. Quand, dans cette seconde situation, la
chaîne est tendue par la personne qui marche
devant, elle y plante sa seconde fiche; l'autre
personne relève la première, et vient se placer,
à la seconde, qu'elle relève ensuite de même.
De cette manière, les fiches passent successivement dans la main de la personne qui marche
derrière la chaîne, et lorsqu'elle les tient toutes, il est sûr que la chaîne a été placée dix fois
de suite depuis le premier point jusqu'à celui
où cette personne est arrivée ; elle rend alors
les fiches à la première, et l'opération continue
dans le même ordre qu'auparavant. En notant
avec soin chaque dizaine de chaînes, on prévient tous les mécomptes qui pourraient avoir
lieu sur le nombre de ces chaînes, et qui, sans
la précaution que je viens d'indiquer, seraient
extrêmement fréquens.

A ce qui précède je dois ajouter l'indication
des mesures dites *à ruban*, dont l'usage est
très-commode, et, par cette raison, très-ré-
pandu aujourd'hui. Elles consistent dans un
ruban de fil qui s'enroule sur un axe de métal,
et se place dans une boîte, de manière qu'une

mesure de 12 mètres (ou six toises environ)
n'excède pas le volume d'une tabatière de médiocre grandeur. M. de Prony, qui s'est beaucoup servi de ces mesures, recommande celles
que M. Champion fabrique, parce que, outre
une grande exactitude dans les divisions, le
ruban est préparé de sorte qu'il n'éprouve
aucune altération par l'humidité.

DEUXIÈME PARTIE,

DE LA LEVÉE DES PLANS.

36. Les mesures étant prises, on peut, au lieu d'effectuer les calculs sur la place même, à la suite de chaque opération partielle, consigner ces mesures sur un *croquis* où l'on a figuré à peu près les lignes qui ont été conçues sur le terrain, et faire chez soi les opérations numériques; mais alors rien n'est plus aisé que de construire, avec les mesures données, le plan du terrain que l'on s'est proposé d'arpenter. Il suffit, pour cela, de réduire les mesures prises sur le terrain dans une proportion qui permette de les placer sur le papier que l'on destine au plan; comme, par exemple, de prendre un pouce pour représenter une toise, ou 12 toises, ou 120 toises, etc., suivant la grandeur du terrain à figurer. Si l'on mesurait au mètre, il faudrait prendre le centimètre pour représenter un mètre, ou 10 mètres, 100 mètres, etc.; car c'est une attention, sinon indispensable, du moins très-utile, de

4

faire toujours les réductions d'après les nombres qui divisent exactement la mesure adoptée. Quand on prend, par exemple, un pouce
pour représenter une toise, chaque pied du
terrain occupe sur le papier 2 lignes ; si c'est
12 toises que représente le pouce, la toise du
terrain occupe une ligne sur le papier, et ainsi
de suite. On n'a donc pas besoin d'autre chose
que d'un pied bien divisé, pour trouver la
grandeur que doit prendre chaque droite en
passant du terrain sur le papier. Cette opération serait encore plus facile et plus exacte si
l'on avait mesuré au mètre, parce que les réductions décimales étant conformes à la base
de notre numération, s'effectuent avec la plus
grande promptitude, et que d'ailleurs on
trouve dans le commerce des doubles décimètres en buis, bien supérieurs pour l'exactitude
des divisions à l'ancien pied de roi, et moins
chers.

37. Lorsqu'on n'a pas un double décimètre
ou un pied assez bien divisé pour s'en servir
comme je viens de le dire, ou lorsque, pour
renfermer tout un plan sur un papier de grandeur donnée, on veut adopter pour la toise ou
pour le mètre, une longueur qui n'est pas mar-

quée sur le pied ou sur le décimètre, il faut alors construire une *échelle*, c'est-à-dire assigner une ligne A B, *fig.* 33, pour la grandeur que doit occuper sur le papier, un nombre donné de toises ou de mètres, 10, par exemple. On divise d'abord cette ligne en deux parties égales, ce qui fournit 5 toises ; ensuite on divise chacun de ces intervalles en cinq parties, et on a la grandeur que doit occuper une toise ou un mètre ; enfin on divise en six parties l'espace qui représente une toise, afin d'avoir des pieds, ou en dix celui qui représente un mètre, afin d'avoir des décimètres. Il y a des moyens de faire sans tâtonnement toutes ces divisions, mais leur exactitude est plutôt intellectuelle qu'effective ; et un peu d'habitude rend le tâtonnement plu prompt et plus sûr que l'emploi de ces moyens.

Pour peu qu'on ait manié le compas, on sait qu'après avoir pris à vue la moitié d'une droite, il faut porter l'ouverture du compas deux fois sur cette droite, en partant de l'une de ses extrémités ; et si l'on ne tombe pas exactement sur l'autre, on partage à peu près la différence en deux parties égales, en ouvrant ou en fermant le compas d'une quantité convenable. On porte cette nouvelle ouverture deux fois sur la ligne,

et le plus souvent elle la donnera exactement ;
mais si cela n'arrivait pas, on corrigerait l'erreur, ainsi que l'on a fait pour la première ouverture, et l'on arriverait bientôt à l'ouverture
de compas qui embrasse la moitié de la ligne.
Ce procédé s'applique à toutes les divisions de
la ligne droite, et son succès est fondé sur la facilité qu'a l'œil de partager en portions égales les
petits espaces.

38. Quand on a construit l'échelle, il est bien
aisé de tracer sur le papier les *figures* 29 et 30 ;
car il n'y a qu'à mener les directrices, porter
sur chacune les nombres de divisions qui représentent les distances des pieds des perpendiculaires à l'une ou à l'autre des extrémités de ces
directrices, puis élever les perpendiculaires par
leur pied ainsi trouvé, leur donner la longueur
correspondante à leur mesure, et joindre leur
seconde extrémité par des droites, comme elles
sont jointes sur le terrain.

39. Ce tracé, qui ne doit présenter aucune
difficulté, lorsque l'on aura effectué les opérations décrites précédemment, pourrait sembler
long, si l'on élevait toutes les perpendiculaires
suivant le procédé du n°. 14. On l'abrége en se
servant d'une équerre, qui est le plus ordinai-

rement un triangle de bois, représenté dans la *figure* 34. On applique l'un des côtés de son angle droit sur la ligne sur laquelle on veut élever la perpendiculaire, et de manière que le point B tombe sur le pied de cette perpendiculaire : traçant alors une ligne, le long du côté BC, ce sera la perpendiculaire demandée.

On serait sûr de son exactitude si l'équerre était juste, mais c'est ce qui arrive rarement ; et même une équerre qui serait juste peut cesser de l'être par le travail du bois : c'est pourquoi il vaut mieux construire une première perpendiculaire avec tout le soin possible, et employer l'équerre à mener parallèlement à celle-là, toutes les autres, comme je vais le dire. On appliquera un des côtés de l'équerre sur la première perpendiculaire BD, *fig.* 35, et on placera sous l'autre côté une règle EF ; puis, en maintenant celle-ci dans la même situation, on fera glisser l'équerre, dont le côté BC s'avancera toujours parallèlement à lui-même ; et en l'amenant successivement aux différens points de la ligne GH, par lesquels on veut élever des perpendiculaires, il en marquera la direction.

Quand, par ces moyens, on aura construit le plan du terrain proposé, on pourra y tracer

telle figure que l'on voudra ; on en mesurera les
côtés au moyen de l'échelle, et on en calculera
les surfaces par les règles propres à chacune de
ces figures. A la vérité, les directrices perpendiculaires (n°. 32), s'écartant quelquefois beaucoup du contour du terrain, embrassent un
trop grand espace, et obligent à mesurer plus
de lignes qu'il n'en faudrait ; mais pour faire
connaître des moyens plus expéditifs, il est nécessaire de reprendre les choses de plus haut.

40. En ne considérant d'abord sur le terrain
que deux points A et B, *fig.* 36, tout ce qu'on
peut faire pour en représenter sur le papier la
situation respective, se borne à mesurer la
distance de ces points, et à tirer sur le papier
une droite *ab*, à laquelle on donnera, en parties de l'échelle, une longueur égale à la mesure de la distance AB.

Si l'on prend ensuite sur le terrain un troisième point C, *fig.* 37, il faudra le lier avec
les points A et B, de manière à déterminer sa
situation à l'égard de ces points, et transporter sur le papier les données fournies par cette
opération, afin de trouver un point *c* placé
à l'égard des points *a* et *b*, comme le point C
l'est à l'égard de A et de B.

Tel est le problème que l'on a sans cesse à résoudre lorsqu'on lève un plan quelconque : on peut le faire de trois manières différentes, que je vais exposer successivement.

41. On conçoit sans peine que la connaissance des distances AC et BC ferait trouver sur le terrain la position du point C, quand même il n'y serait pas marqué ; car si on fixait au point A l'une des extrémités d'un cordeau de même longueur que la distance AC, et au point B celle d'un cordeau de même longueur que la distance BC, en rapprochant les deux autres extrémités de ces cordeaux, elles se réuniraient précisément au point C.

On peut effectuer sur le papier une opération analogue, en prenant successivement sur l'échelle deux ouvertures de compas correspondantes aux distances AC et BC mesurées sur le terrain, puis décrivant du point a comme centre, avec la première de ces ouvertures, et du point b comme centre avec la seconde, des arcs de cercle, ils se couperont en un point c dont les distances aux points a et b, seront dans le même rapport que les distances du point C aux points A et B.

Par une semblable opération, on lierait à

deux quelconques des points A, B, C, un quatrième point D, et l'on trouverait la position
du point *d* qui lui correspond sur le papier ;
puis, en passant ainsi, de proche en proche, à
tous les points remarquables d'un terrain, on
en lèverait le plan sans y employer d'autres
instrumens que la perche ou la chaîne et des
piquets.

42. Au lieu de lier le point C aux points A
et B par les distances AC et BC, on peut chercher à déterminer l'inclinaison de la ligne AC à
l'égard de la ligne AB, ou l'angle que ces deux
droites font entre elles, et mesurer seulement
la distance AC ; car si l'on avait sur le terrain
un point E, *fig.* 38, dans l'alignement de la
droite AC, on tomberait sur le point C, en
portant sur cet alignement une longueur égale
à la distance AC.

Les angles sur le terrain se prennent immédiatement avec la *planchette*, instrument qui,
réduit à sa forme la plus simple, n'est autre
chose qu'une petite table portative, ayant un
pied tel que l'on puisse, sans beaucoup de peine,
la placer horizontalement. On fixe sur cette
table, la feuille de papier qui doit recevoir le
plan ; et pour prendre les alignemens, on peut

se servir d'une règle épaisse que l'on place de *champ*, et dont on dirige le bord sur le point auquel on vise (voyez la *figure* 39); en tirant une ligne le long de la règle, on a sur le papier l'alignement désiré.

Pour mesurer l'angle BAC, *fig.* 40, on portera la planchette en A; on plantera une aiguille au point *a*, répondant aplomb sur le point A du terrain; on appliquera le bord de la règle contre cette aiguille, et on le dirigera dans l'alignement du piquet du point B, puis on tirera sur le papier la ligne *ab*; on fera venir ensuite le bord de la règle dans la direction du point C, en ayant soin que ce bord soit toujours appliqué contre l'aiguille; on tirera la ligne *ac* : l'angle *bac* sera le même que l'angle BAC.

On achèvera de déterminer la position respective des trois points *a*, *b*, *c*, en portant sur les droites *ab* et *ac*, à partir du point *a*, les nombres de parties de l'échelle correspondans aux distances AB et AC mesurées sur le terrain.

La même opération, effectuée sur les différens points qu'on peut apercevoir du point A, les lierait tous ensemble, et donnerait la position de ceux qui les représentent sur le plan : c'est ce que la *figure* 41 indique suffisamment

On y voit comment, en dirigeant successivement la règle sur les piquets plantés aux points B, C, D, E, F, puis mesurant sur le terrain les distances AB, AC, AD, AE, AF, on a obtenu sur le papier les points b, c, d, e, f, et formé la figure $abcdef$, semblable au contour du terrain.

Pour lier avec le point C, *fig.* 42, un point G, que l'on n'apercevrait pas du point A, ou qui en serait trop éloigné, il faut transporter la planchette en C, planter l'aiguille au point c, placer ensuite la règle contre l'aiguille et sur la ligne ac, puis tourner la planchette de manière que le point a soit dans la direction du piquet planté en A. Cela fait, on dirigera la règle vers le piquet planté en G, on tirera cg, et l'on aura l'angle acg.

Mesurant ensuite la distance CG, et prenant la longueur correspondante en parties de l'échelle, pour la porter sur cg, on obtiendra le point g qui représente, sur le plan, le point G du terrain.

En continuant d'opérer ainsi, on passerait à un cinquième point, et on suivrait un contour quelconque, en se portant au sommet de chacun de ses angles, ou à tous les changemens remarquables de sa direction.

Si le contour était fermé, on devrait, en déterminant le dernier côté, retomber sur le point
duquel on est parti : c'est là ce qu'on appelle *se*
fermer. Il est bien rare qu'on y réussisse exactement ; mais lorsqu'on ne trouve pas une erreur
trop considérable , on dérange un peu chaque
point, afin d'arriver juste au dernier, en répar-
tissant cette erreur sur l'ensemble de l'opération.

43. La troisième manière de lier un point C
avec deux autres points A et B, et qui s'applique
au cas où l'on ne saurait approcher de ce point,
fig. 43, consiste à prendre les angles A et B du
triangle ABC. Elle est fondée sur ce que le
point C serait déterminé sur le terrain, si l'on
avait un point E dans l'alignement AC, et un
point F dans l'alignement BC, parce qu'en pro-
longeant ces alignemens, soit avec des cordeaux ou autrement, leurs directions ne pourraient se rencontrer qu'au seul point C.

On établira donc d'abord la planchette en A,
fig. 44, pour tracer l'angle *bac*, comme on l'a
enseigné no. 42 ; mais on ne mesurera que AB,
pour donner à la droite *ab* la longueur correspondante en parties de l'échelle, puis on trans-
portera la planchette en B ; on l'y placera de
manière que le point *b*, où l'on plantera l'aiguille, réponde aplomb sur le point B, et que

le point *a* soit tourné vers un piquet qu'on aura planté au point A, lorsqu'on en aura enlevé la planchette. Cela fait, on dirigera la règle sur le piquet du point C; elle rencontrera, au point *c*, la droite menée du point *a* vers le même piquet du point C.

Par ce dernier procédé, on lève très-promptement le plan du terrain, lorsqu'il est possible d'y trouver deux points desquels on en aperçoive un grand nombre d'autres, et on n'a besoin que de mesurer la distance des deux premiers points, distance qu'on appelle *base*, et qu'il ne faut pas prendre trop petite. La *fig.* 45 explique suffisamment cette opération.

Enfin, il faut encore observer que si on voulait marquer sur le plan un point E qui ne fût pas visible des points A et B, ou qui en fût trop éloigné, on y parviendrait en portant successivement la planchette en deux points C et D, déjà déterminés, et desquels le point E serait visible. On opérerait à chacun de ces points comme on l'a fait en A et en B; seulement il ne serait pas nécessaire de mesurer sur le terrain la distance des piquets C et D, puisqu'on aurait sur la planchette la longueur de la ligne *cd*.

Si l'étendue de la planchette n'était pas assez grande pour contenir tout le plan qu'on se pro-

pose de lever, on changerait le papier ; mais il
faudrait placer sur la nouvelle feuille, deux des
points marqués sur celle qu'on a ôtée, afin de
pouvoir, par le moyen de ces deux points, qui
leur sont communs, assembler les deux feuilles.

44. On est souvent obligé, dans la levée des
plans, d'employer tour à tour tous les procédés
enseignés jusqu'ici. On a recours aux perpendiculaires (n°. 32) lorsque l'on rencontre des si-
nuosités trop fréquentes ou trop resserrées pour
les ramener aisément à des lignes droites ; on
fixe par de petits triangles, comme on l'a indiqué n°. 41, les points très-rapprochés, et qui
exigeraient des déplacemens trop fréquens de
la planchette.

On est surtout obligé de se servir de ce
moyen ou de quelque autre analogue, lorsqu'en
levant un contour, il faut partir de points sur
lesquels on ne saurait poser un instrument,
comme les angles d'un mur. On se place alors
dans le prolongement de l'une de ses faces, si
l'on est en dehors, et on mène une parallèle au
côté suivant ; et, quand on est dans l'intérieur,
on se place à la rencontre de deux parallèles aux
côtés de cet angle, menées à volonté. La *fi-*

gure 47 offre ; aux points **A** et **B** , un exemple de ces deux cas.

La même figure, portant les divers tracés indiqués dans ce qui précède, fait sentir les avantages de la planchette, même à l'égard des opérations où elle n'est pas nécessaire. Elle permet de rapporter sur le papier ces opérations, à la vue même des objets que l'on veut représenter ; tandis que quand on se borne à prendre les mesures sur le terrain pour les assembler chez soi, à moins d'écrire jusqu'à des détails très-minutieux, ou d'en charger sa mémoire, on est exposé à négliger beaucoup de circonstances nécessaires à la vérité du plan.

Afin de rendre la planchette plus commode, on lui a donné un pied à trois branches, fait de manière qu'elle puisse être facilement mise dans une situation horizontale, et tourner autour de son centre sans s'incliner d'aucun côté.

Au lieu d'une règle ordinaire, assez difficile à bien aligner, on emploie une *alidade*, ou règle de cuivre garnie de pinnules (voyez la *fig.* 46) bien perpendiculaires dans tous les sens, sur la lame qui les joint, et bien hautes, afin que, sans incliner la planchette, on puisse viser aux points du terrain qui sont plus élevés ou plus bas ; souvent on met une lunette sur l'alidade, en place des pinnules, pour mieux voir les objets éloignés ; mais la condition essentielle pour la sûreté et la promptitude de l'opération est que la tablette ne s'ébranle pas sous la main qui dessine, afin que les lignes que l'on y trace conservent bien la direction des rayons visuels. On s'en assure, lorsqu'on prend un angle, en remettant l'alidade sur le premier côté, pour vérifier s'il a conservé l'alignement du point qui est à son extrémité.

45. Lorsqu'on veut calquer un plan levé à la planchette, soit pour en avoir un double, soit pour le mettre au net, il faut le *piquer* ou le *calquer*. La première opération consiste à poser sur une nouvelle feuille de papier, celle qui couvrait la planchette, et à la piquer avec une épingle bien fine, dans tous les points remarquables du plan, situés sur son contour et dans son intérieur. On joint ensuite par des lignes convenables, les piqûres marquées sur la feuille inférieure.

Pour tracer un plan, il faut le placer sur un carreau de verre exposé au grand jour, et les traits du plan paraîtront à travers le papier blanc appliqué dessus. On pourra se borner à marquer seulement les points nécessaires pour déterminer les contours et les lignes du

plan, ou bien suivre avec le crayon ces contours et ces lignes dans toute leur étendue.

46. Si l'on ne voulait pas piquer le plan
minute, et qu'on trouvât trop incommode de
le calquer à la vitre, comme il vient d'être dit,
on pourrait en construire une copie par des
procédés analogues à ceux qu'on a employés
pour le lever, c'est-à-dire en mesurant les angles et les côtés, pour en faire d'autres qui
leur soient égaux, sur la feuille destinée à recevoir la copie. La détermination des points
sur cette copie peut s'opérer par les procédés
des numéros 41, 42, 43; il faut seulement
ajouter aux deux derniers la manière de faire
sur le papier un angle qui soit égal à un autre;
ce qui est très-aisé.

Soit BAC, *fig.* 48, un angle donné, et qu'il
s'agisse d'en construire un égal, en *a* sur la
ligne *ab;* on prendra sur les côtés du premier
angle deux distances égales AB et AC; on portera la même distance sur *ab;* puis du point *a*
comme centre, et avec cette distance comme
rayon, on décrira un arc de cercle *ef*, et prenant sur le premier angle l'ouverture de compas
BC, on s'en servira pour décrire, du point *b*
comme centre, un arc de cercle *gh*, qui coupera
le premier en un point *c*, tel qu'en tirant *ac*,

on aura l'angle *bac* égal à l'angle BAC. On sentira l'exactitude de ce procédé, en observant que l'ouverture *bc* du second angle étant égale à l'ouverture BC du premier, et placée aux mêmes distances du sommet, ces deux angles se couvriraient parfaitement si on les posait l'un sur l'autre.

Si on voulait réduire le plan minute à de plus petites dimensions, il faudrait faire sur la copie, les angles égaux à ceux de l'original, mais réduire les côtés dans les rapports que l'on veut établir entre les dimensions de la copie et celles de l'original.

47. Avec la planchette, on trace aisément sur le terrain toute figure qu'on a construite sur le papier. La *fig.* 41 réprésente cette opération, qui est l'inverse de celle du n°. 42. Il faut d'abord se donner un point du contour et la direction de l'un de ses côtés, le point A et la ligne AB, par exemple. En plaçant la planchette de manière que le point *a* réponde aplomb sur son analogue A, et que le côté *ab* soit dans l'alignement de AB, il n'y aura plus qu'à porter successivement l'alidade sur les droites *ab*, *ac*, *ad*, *ae*, *af*, et à mesurer, dans ces alignemens, des distances correspondantes aux lon-

5*

gueurs des lignes *ab*, *ac*, *ad*, *ae*, *af*, données par l'échelle.

48. On a vu dans les n°s. 42, 43, et surtout dans le dernier, le parti que l'on peut tirer de la mesure des angles pour la levée des terrains; aussi a-t-on imaginé divers instrumens pour les mesurer. La construction de tous ces instrumens repose sur les considérations suivantes.

Si on conçoit que le rayon AC, *fig.* 4, soit d'abord couché sur le rayon AB, puis qu'il s'en écarte en tournant autour du point A, comme sur une charnière, il fera successivement avec AB tous les angles possibles. On prouve en géométrie, et on voit assez facilement d'ailleurs, que les arcs embrassés par les divers angles ont entre eux les mêmes rapports que ces angles; c'est pour cela qu'on fait servir les arcs à la mesure des angles; et comme il ne s'agit que de rapports, on prend pour terme de comparaison des arcs la circonférence entière que, dans l'ancien système métrique, on divise en 360 parties appelées *degrés*. Le degré est divisé en 60 parties appelées *minutes*, la minute en 60 parties appelées *secondes*.

Dans le nouveau système métrique, la circonférence est divisée en 400 parties; on verra bientôt pourquoi. Ces parties se nomment *grades;* le grade se divise en 100 *minutes,* et la minute en 100 *secondes.*

Cela posé, si l'un des diamètres qui porte des pinnules dans l'équerre représentée sur la *figure* 12 (n°. 18), au lieu d'être fixe, devient mobile autour du centre du cercle, et que la circonférence de ce cercle soit divisée en *degrés* ou en *grades,* on pourra s'en servir pour mesurer un angle en plaçant sur l'un des côtés de cet angle le diamètre fixe de l'instrument, et amenant sur l'autre le diamètre mobile : l'arc compris entre les deux diamètres donnera la mesure de l'angle cherché.

Il faut observer que cet angle se trouve marqué deux fois sur la circonférence du cercle, savoir : par l'arc compris entre les extrémités des diamètres tournées vers les objets auxquels on vise, et par l'arc compris entre les extrémités opposées (1). C'est ce qu'on voit sur la *figure* 4, aux arcs BC et FG , l'un compris en-

---

(1) Pour bien comprendre cette remarque et les suivantes, il faut, si l'on n'a pas d'instrument à sa disposition, décrire un cercle sur un carton ou sur une planche, le diviser en degrés , en marquer le centre avec une aiguille, et faire mouvoir une règle autour de ce point.

tre les rayons BA et CA, et l'autre entre les rayons FA et GA. Le premier de ces arcs mesure l'angle BAC, et l'autre l'angle FAG, formés tous deux par les mêmes diamètres BF et CG, et que leur situation a fait nommer *angles opposés par le sommet.*

Il est aisé de voir que les arcs BC et FG sont nécessairement égaux ; car le point A étant le centre du cercle ; BF et CG sont des diamètres, et par conséquent les arcs BEF et CFG sont égaux comme moitiés de la circonférence du cercle. Si donc on en retranche l'arc CEF, qui leur est commun, les arcs restans BC et FG doivent être égaux, et aussi les angles qu'ils mesurent. On dit en conséquence que *les angles opposés par le sommet sont égaux.*

Cela sert à reconnaître si la circonférence de l'instrument est bien divisée, et si les lignes qui marquent l'angle passent bien par le centre, parce qu'alors on lira sur les arcs BC et FG le même nombre de degrés et de parties de degré.

En appliquant cette remarque à la *figure* 3, on voit que les quatre angles formés par les droites AB et CD sont opposés par le sommet, deux à deux, savoir : AEC et BED, AED et BEC. Les deux couples diffèrent à l'œil, en ce que dans l'un les angles sont aigus, et que dans l'autre ils sont obtus, à moins que les deux lignes ne soient perpendiculaires, auquel cas les quatre angles sont droits (voyez la *figure* 10).

Remarquez encore que l'angle CAF, *fig.* 4, formé par le rayon AC et par le prolongement AF du rayon AB, étant joint au premier angle BAC, embrasse la demi-circonférence BCEF. On dit, à cause de cela, que l'angle CAF est le *supplément* de l'angle BAC; l'arc qui mesure l'un étant connu, en le retranchant de la demi-circonférence, on aura la mesure de l'autre. L'angle BAG est de même le supplément de FAG.

L'inspection de la *fig.* 4 fait voir aussi que tous les angles qu'on peut former à un même point A, et du même côté d'une droite B F, réunis ensemble, embrassent la demi-circonférence; que, par conséquent, deux angles droits, comme BAE et FAE, étant égaux, chacun embrasse le quart de la circonférence, qui mesure par conséquent la plus grande inclinaison qu'une droite puisse avoir sur une autre.

C'est pour cela que dans le nouveau système métrique, on a fait du quart de cercle, le terme de comparaison des arcs et des angles, en y appliquant la division décimale.

Enfin le cercle enveloppant de toutes parts son centre A, on voit encore que tous les angles qu'on pourra former autour d'un même point comme sommet embrasseront la circonférence, et équivaudront à quatre angles droits.

Il peut être bon aussi de savoir que quand deux angles sont tels, que leur somme ou leur différence fait un angle droit, ils sont dits *complémens* l'un de l'autre : CAE est le complément de BAC, et il l'est aussi de CAF.

49. Les instrumens avec lesquels on mesure les angles sur le terrain, étant spécialement consacrés aux grandes opérations, ont, lorsqu'ils sont faits avec soin, beaucoup de parties accessoires destinées à en assurer la précision, et exigeraient, tant pour leur description que pour leur usage, des détails que je ne puis donner ici ; je me bornerai à indiquer succinctement l'usage de la *boussole*, instrument bien inférieur à la planchette pour l'exactitude, mais que l'on rencontre assez fréquemment.

Pour n'être pas induit en erreur par la boussole, il faut savoir que l'aiguille aimantée ne se dirige vers le même point de l'horizon que lorsqu'on ne change pas beaucoup de lieu et pendant un temps assez court, quelques mois, par exemple, et surtout ne pas confondre cette direction avec la véritable méridienne.

Avec ces conditions, l'aiguille aimantée indique aux différens points où on la pose, des lignes qui sont toutes sensiblement parallèles.

La boussole dont on se sert ordinairement est représentée dans la *fig.* 49. Là boîte qui la renferme porte à son côté une alidade formée d'un tuyau mobile, par l'intérieur duquel on vise aux points à déterminer. On doit avoir soin, quand on approche de la boussole, d'éloigner tout ce qu'on pourrait avoir de fer sur soi, parce qu'en attirant l'aiguille, il la dérangerait. Quand on a dirigé l'alidade vers un point, et que l'aiguille n'oscille plus, on lit sur la circonférence du cercle qui l'entoure, le nombre de degrés compris entre l'extrémité de la partie nord de l'aiguille (partie que l'on reconnaît à sa couleur violette), et l'une des extrémités du diamètre parallèle à l'alidade. Pour éviter toute erreur, il faut toujours employer la même extrémité ; je choisis celle qui est tournée vers l'objet. Il ne reste plus qu'à déterminer de quel côté elle se trouve ; et on le marque par les mots *est* et *ouest*, le premier indiquant la droite, et le second la gauche, quand on regarde vers le nord.

5o. La boussole ne donnant pour chaque angle qu'un nombre de degrés, il faut avoir recours à l'instrument appelé *rapporteur*, pour construire cet angle sur le papier. Ce rapporteur est ordinairement un demi-cercle de cuivre, *fig.* 5o: Son centre est marqué par une cloche faite sur le diamètre. On pose ce diamètre sur la ligne sur laquelle doit être fait l'angle proposé; et l'on place le centre au point que doit occuper le sommet : alors, comptant sur la circonférence du rapporteur, qui est divisée en degrés, le nombre de degrés trouvés, on arrive à un point *c*, qui, joint avec le sommet *a*, donne le second côté de l'angle *bac*.

Si cet angle était tracé sur le papier, l'arc *bc* en marquerait la mesure, au moyen de laquelle on en ferait un égal sur tout autre endroit du papier. C'est ainsi qu'on peut avoir la mesure des angles tracés sur la planchette.

51. Voici comment la boussole remplace la planchette dans l'opération du n°. 42. Lorsqu'on a pris les angles NAB, NAC, *fig.* 51, que l'aiguille aimantée AN fait avec les lignes AB et AC, on tire sur le papier une ligne *ab* pour représenter la première de celles-ci, et on fait

l'angle *nab* du même nombre de degrés que NAB, ce qui donne la direction *an* que doit avoir, sur le plan, l'aiguille aimantée. En faisant ensuite l'angle *nac* égal à NAC, on a la direction de *ac* : pour obtenir les points *b* et *c*, il ne reste plus qu'à porter sur les lignes *ab* et *ac* les longueurs que donne l'échelle, d'après les distances AB et AC mesurées sur le terrain.

La *fig.* 52 montre comment on lie entre eux de la même manière tous les points d'un contour, en transportant la boussole à chacun de ces points pour y prendre les angles NAB, NBC, NCD, etc., formés par l'aiguille aimantée avec les côtés AB, BC, CD, etc. dont on mesure la longueur. On construit ensuite, sur le papier, l'angle *nab* égal à NAB; puis on porte sur la ligne *ab* la mesure du côté AB, ce qui donne le point *b*, par lequel, menant *bn* parallèle à *an*, on fait l'angle *nbc* égal à NBC, et donnant à *bc* la mesure trouvée pour BC, on obtient le point *c*. On détermine de même le point *d* et tous les suivans; et l'on doit retomber, au moins à peu près, sur le point *a*, après avoir fait le tour de la figure.

52. Pour employer la boussole à l'opération du n°. 43, on observe au point A, *fig.* 53,

les angles que l'aiguille aimantée fait avec les
lignes AB, AC, et au point B celui qu'elle fait
avec BC; on mesure AB; on tire sur le papier
une droite *ab*, d'une longueur correspondante
à cette mesure; on y place la direction de l'aiguille aimantée, en construisant un angle *nab*
du même nombre de degrés que NAB; puis menant au point *b* la droite *bn* parallèle à *an*, et
construisant ensuite les angles *nac*, *nbc*, du
même nombre de degrés que NAC, NBC,
on obtient les lignes *ac* et *bc*, qui donnent le
point *c*. On étendra sans peine ce procédé au
cas où l'on rapporterait un nombre quelconque de points à la ligne *ab*.

53. Dans tout ce qui précède, j'ai supposé
que le terrain était horizontal ou peu incliné;
s'il l'était beaucoup, il faudrait mesurer les distances horizontalement (n°. 35), et non pas suivant la pente, puisqu'en prenant les angles horizontalement, comme l'exigent la planchette et
la boussole, on ne représente pas la surface
même du terrain, mais sa base sur le plan horizontal; et on ne mesure que la superficie de cette
base : la première de ces surfaces est toujours
plus grande que la seconde, et leur différence
augmente avec la pente du terrain. Pour concevoir bien clairement ce que l'on fait alors, il

suffit d'observer que, dans les opérations indiquées précédemment, les côtés et les angles de
la figure tracée sur le terrain étant mesurés horizontalement, le plan levé de cette manière est
celui de la figure que formeraient les points remarquables du terrain, ou les piquets qu'on y a
plantés, s'ils descendaient verticalement sur un
plan horizontal placé au-dessous de ce terrain.
On sent que cette opération, effectuée dans un
champ situé sur une colline, revient à concevoir cette colline *coupée* horizontalement au-
dessous du champ, et à prendre, dans la section, les points qui répondent aplomb sous les
contours de ce champ; de là est venu le nom de
cultellation qu'on donne à ce mode d'arpentage.

Si l'on voulait connaître immédiatement l'é-
tendue de ce champ, il faudrait le diviser en
triangles, dont les côtés et les angles fussent
mesurés parallèlement à sa surface; et en traçant sur le papier tous ces triangles, qui, le
plus souvent, seraient situés dans les plans différens, on formerait une figure qui représente-
rait le *développement du terrain*, du moins
d'une manière d'autant plus approchée, qu'on
aurait eu soin de multiplier les triangles, pour
n'embrasser, dans chacun, que les parties où
l'inclinaison du terrain ne change pas.

Cette manière d'opérer s'appelle *méthode de développement*, parce que l'on y conçoit la surface du terrain recouverte d'une enveloppe flexible, dont toutes les parties s'étendent sur le même plan.

D'après ce qui vient d'être dit, on sent que la méthode de cultellation et celle de développement résolvent deux questions géométriques très-différentes : dans l'une, il s'agit d'obtenir l'aire de la *projection du terrain sur un plan horizontal*, ou de ce qu'on appelle son *plan géométral;* dans l'autre, l'aire du terrain lui-même, considéré comme un assemblage de plans, ou un *polyèdre.*

De là naît une question purement économique : à laquelle des deux méthodes convient-il de donner la préférence pour assigner aux propriétés leur véritable valeur ? Il faut d'abord observer que cette dernière question n'acquiert quelque importance que lorsque la pente est déjà assez forte ; car, à l'égard des terrains peu inclinés, la différence des résultats de chaque procédé n'est d'aucune conséquence pour la pratique. Mais quand il s'agit de terrains fort inclinés, on donne encore la préférence à la méthode de cultellation, parce que l'on estime la valeur des champs sur la quantité de leurs productions, et que les végétaux, les arbres surtout, poussant généralement dans une direction verticale, un espace incliné n'en contient pas plus que sa projection horizontale. Ce principe pourrait cependant être contesté par rapport aux graminées et aux plantes basses ; mais on ajoute alors que les terrains en pente, retenant moins l'humidité que les autres, sont, toutes choses d'ailleurs égales, moins productifs, que leur culture est plus pénible, et par conséquent plus dispendieuse, et que ces diverses circonstances diminuant leur valeur intrinsèque, c'est avec raison que, lorsqu'on les compare aux terrains horizontaux, on les compte pour une étendue moindre.

Toutes ces considérations ne se balancent qu'à peu près, et seraient susceptibles de discussion ; mais l'usage étant bien établi, il n'y a aucune erreur préjudiciable aux particuliers, toutes les fois que l'arpentage est fait d'après la même méthode, à chaque mutation, et pour tous les sols semblables.

54. Si l'on voulait connaître, sur une direction donnée, la pente d'un terrain, on y parviendrait aisément en suivant le procédé indiqué à la page 33, pour mesurer horizontalement

6*

les distances dans cette direction. Il suffirait de mesurer aussi l'élévation ou l'abaissement de chaque perche, par rapport à celle qui la suit, déjà marqué sur la *figure* 32, opération que la *figure* 68 représente en détail.

On prend une règle longue de 9 à 12 pieds, ou de 3 à 4 mètres, un peu épaisse ; on la place de champ pour qu'elle ne fléchisse pas ; on pose l'une de ses extrémités sur le sol, et l'autre contre un piquet, on l'abaisse ensuite, ou on l'élève par cette dernière extrémité, de manière qu'elle soit dans une situation bien horizontale, ce qu'on reconnaît par un *niveau*, instrument dont nous parlerons ci-après ; puis, mesurant la hauteur CB du piquet, depuis le sol jusqu'au point où il rencontre le bord inférieur de la règle AB, on aura l'abaissement du sol au point C, par rapport au point A.

Il est visible que si le terrain va continuellement en s'abaissant, il faudra ajouter toutes les hauteurs BC, DE, FG, pour obtenir la hauteur du premier point, A, au-dessus du dernier, G ; et que si le terrain venait à se relever, comme de G en N, il faudrait alors, en partant du point le plus bas, G, faire la somme des hauteurs GH, IK, LM, qui donnerait la hauteur du point N au-dessus du point le plus bas, G; puis comparer cette somme avec la première, pour en déduire la différence des hauteurs des points A et N sur le point G.

Cette différence est aussi ce qu'on nomme la *différence de niveau* des points A et N, parce qu'on dit que deux points sont *au même niveau* quand ils sont sur la même ligne horizontale, à laquelle on donne souvent le nom de *ligne de niveau*. L'opération qui fait trouver cette différence s'appelle *nivellement*.

55. Avec les mesures prises comme on vient de le dire, on peut construire sur le papier une figure qui représente la forme de la ligne qu'on a parcourue sur le terrain, et en montre les rapports avec la droite horizontale passant par le point le plus bas.

Soit PQ cette droite, qu'il faut concevoir comme si elle était menée dans l'intérieur de la terre, pour passer au-dessous des points A, C, E, etc.; les verticales abaissées de ces points, jusqu'à la droite, seraient leurs hauteurs au-dessus du point G. C'est ce qu'on figure sur le papier, en portant sur une droite *pq*, à partir du point *p* pris arbitrairement, des intervalles qui expriment, en parties d'une échelle conve-

nue, les distances horizontales AB, CD, etc.,
mesurées sur le terrain, et en élevant aux extrémités de ces intervalles, des perpendiculaires représentant les hauteurs des points correspondans du terrain, ce qui donnera les
points *a*, *c*, *e*, etc. En les joignant par des
droites, on aura un contour qui représentera
d'autant mieux la forme du terrain, que les
points A, C, E, etc. seront plus rapprochés.
On sent bien d'ailleurs que, lorsqu'il s'agit d'un
terrain naturel, dont la pente n'a pas été réglée
à main d'homme, il y aura toujours de petites
inégalités dont il sera inutile de tenir compte.

Pour plus de simplicité, je n'ai supposé
qu'une échelle dans la construction de la figure;
mais comme le plus souvent la grandeur des
pentes, lors même qu'elle est assez remarquable, est cependant fort petite par rapport aux
distances horizontales, ce qui rendrait peu sensibles dans la figure les inégalités du terrain,
on fait usage, pour exprimer les hauteurs, d'une
seconde échelle, dont les parties sont plus
grandes que celles de la première échelle em-
ployée pour les distances horizontales.

Lorsque les points A, C, E, etc. sont tous
pris dans une même direction, la figure con-

struite comme on vient de le dire, représente celle qu'on obtiendrait, si l'on coupait le terrain par un plan vertical mené dans la direction donnée; de là vient que ces sortes de figures sont appelées *coupes* du terrain; on les nomme aussi *profils*; et pour en marquer la situation, on indique celle que la ligne *pq*, qui leur sert de base, aurait sur le plan du terrain.

Par le mot *pente*, entre deux points du terrain, on entend ordinairement le rapport entre la distance de ces points et la différence de leur hauteur. Si, par exemple, AC est de 2 toises, et BC de 1 pied, la pente est égale à $\frac{1}{12}$. En divisant la longueur de BC par celle de AC, on trouvera aussi qu'il y a 6 pouces de pente par toise.

Quand il s'agit d'un terrain réglé artificiellement, on donne à sa surface le nom de *talus*, ou *rampe*. Sa coupe est alors un triangle rectangle ABC, *fig*. 69. On en indique quelquefois la pente, par le rapport de sa hauteur AB avec sa base BC.

Enfin, l'angle ACB formé par le talus AC et la ligne horizontale BC, angle qui mesure *l'inclinaison* de la ligne AC, est aussi une manière d'exprimer la pente de ce talus.

56. Il y a plusieurs espèces de niveaux : le plus simple de tous est une équerre portant à l'extrémité de l'un de ses côtés un fil à plomb, et ayant sur ce côté un trait *ba*, *fig.* 70, bien perpendiculaire sur le bord AC. Quand ce dernier est horizontal, le fil à plomb tombe exactement sur le trait *ba* : on posera donc le côté AC sur une règle bien dressée et soutenue à l'un de ses bouts, puis on abaissera ou on élèvera l'autre jusqu'à ce que le fil à plomb vienne battre sur le trait *ba*.

La *figure* 71 représente la forme la plus ordinaire du niveau des maçons. Pour qu'il soit exact, il faut que le fil à plomb AF, lorsqu'il tombe sur le trait marqué dans la traverse DE, soit perpendiculaire sur la ligne BC, ce qui a lieu quand les distances AB et BC sont égales entre elles, ainsi que les distances AD et AE ; et que le point F est le milieu de DE. Ce niveau se vérifie aisément ; car lorsqu'il est dans une situation où le fil à plomb couvre le trait marqué sur DE, il faut qu'en le retournant, de manière que le point B vienne prendre la place du point C, et réciproquement, le fil à plomb reste encore sur le trait.

Le niveau précédent se vérifierait de même en le retournant

Ces deux niveaux, ne pouvant servir que pour des lignes très-courtes, seraient fort incommodes dans les opérations un peu étendues : on les remplace par le *niveau d'eau*, représenté dans la *fig.* 72.

Celui-ci est composé d'un tuyau de fer-blanc *ac*, coudé à ses deux bouts, et surmonté de deux tubes de verre *b* et *d*. On y verse de l'eau, ou mieux encore un liquide coloré, jusqu'à ce que ce liquide paraisse en même temps dans les deux tubes de verre. Alors, suivant les lois de l'équilibre des fluides, les surfaces contenues dans les tubes *b* et *d*, sont dans le même plan horizontal. Si donc on place l'instrument entre deux points A et C, que l'on veut comparer, et que l'on fasse marquer sur deux piquets verticaux AB et CD, les points B et D situés dans l'alignement *bd*, la différence AE, des hauteurs AB et CD, sera celle de niveau des points A et C.

La seule inspection de la *figure* 73 suffit presque pour montrer l'usage de cet instrument. Si l'on veut connaître les différences de niveau des deux points de chaque station, il faut comparer ensemble les hauteurs consécutives AB et CD, CE et FG, et ainsi de suite ; mais si l'on ne

cherchait que la différence de niveau entre les
points extrêmes, A et K, il faudrait ajouter
séparément toutes les hauteurs obtenues en se
tournant vers le premier point, A, et toutes
celles qui l'ont été en se tournant vers le dernier, K, puis retrancher la plus petite de ces
deux sommes, de la plus grande, le reste serait
la différence de niveau des points A et K, le
plus élevé étant celui qui répond à la plus petite somme.

57. En opérant ainsi sur un nombre suffisant
de directions choisies dans un terrain, on peut
mesurer les différences de niveau des points
les plus remarquables, et connaître par ce
moyen les élévations et les abaissemens qui déterminent la forme ou le *relief* de ce terrain.
Ces circonstances, qui en achèvent la description, doivent nécessairement être marquées
d'une manière plus précise que par les artifices
du dessin, sur les plans qu'on veut rendre com-
plets. Il y a plusieurs manières de les exprimer,
comme on peut le voir dans mon *Introduction à
la Géographie mathématique et à la Géographie physique.* Je ne pàrlerai ici que de la plus
aisée à concevoir, qui consiste à désigner spécialement le point le plus bas du terrain, et à

écrire à côté des autres points remarquables, leur élévation au-dessus de celui-là.

Dans les opérations précédentes, l'on n'a pas eu égard à la courbure générale de la surface terrestre ; et cela n'est pas nécessaire, tant qu'il ne s'agit, comme je l'ai supposé, que de très-petites portions de cette surface.

58. Il est d'usage d'indiquer, sur un plan, la ligne qui va du *nord* au *midi*, et même les deux autres points cardinaux, l'*est* et l'*ouest* : cela s'appelle *orienter* ce plan. Pour le faire, il faudrait connaître la déclinaison de l'aiguille aimantée, c'est-à-dire l'angle dont elle s'écarte de la méridienne. Il y a, pour le déterminer, un moyen assez facile, auquel je ne saurais m'arrêter ici, ayant voulu borner cette instruction élémentaire à ce qui suffit strictement pour l'arpentage et la construction des plans qui s'y rapportent. Si d'ailleurs j'ai omis beaucoup de détails qu'on pourrait regarder comme plus utiles, c'est que l'expérience m'a convaincu que, lorsqu'on a bien saisi l'esprit du problème du n°. 40, et des trois solutions dont il est susceptible, on trouve toujours de soi-même les expédiens qu'exige la variété infinie des circonstances locales, et que la pratique est le seul

maître qui puisse bien apprendre l'usage des divers instrumens. Quant aux opérations d'un genre plus relevé, on en trouvera quelques notions dans les notes que j'ai mises à la suite du présent ouvrage ; et si sa lecture peut inspirer le désir de connaître à fond l'arpentage et l'art de lever les plans, j'aurai atteint mon but , puisqu'il existe sur l'un et sur l'autre plusieurs traités très-recommandables , parmi lesquels j'indiquerai, pour le premier , le *Nouveau traité de l'Arpentage*, par M. Lefèvre, et pour le second , les *Traités de Géodésie , de Topographie et d'Arpentage*, par M. Puissant.

EXPOSITION

DES MESURES DÉCIMALES ET DES ANCIENNES MESURES.

59. La connaissance des mesures est de la plus haute importance dans les diverses branches de l'économie sociale. C'est elle qui sert de base à l'application du calcul aux questions qui nous intéressent le plus, et qui se présentent journellement : ce n'est donc pas un vain luxe de science que l'établissement d'un système métrique bien ordonné. Cette vérité, qui s'aperçoit à la simple réflexion, que de nombreux abus avaient portée au plus haut degré d'évidence, et qui avait fait désirer depuis plus d'un siècle, une réforme dans les mesures, semble pourtant méconnue aujourd'hui, du moins si l'on en juge par l'obstination presque générale avec laquelle on continue à penser, à s'exprimer en anciennes mesures, et à retarder ainsi les heureux effets du plus utile des présens que les savans aient pu faire à la société.

Pour donner, relativement aux mesures an-

ciennes, un exemple assez remarquable d'in-
cohérence, il suffit de citer les environs de
Paris, où l'on avait, pour mesurer les terrains,
l'arpent de *Paris* et celui des *eaux et forêts*.
Tous deux contiennent 100 perches carrées;
mais la perche du premier a 18 pieds de longueur, ét celle du second 22. La perche de 18
pieds contenant trois toises linéaires, il s'ensuit
que la perche carrée contient 9 toises carrées,
et l'arpent de Paris 900 toises carrées. La perche
carrée de 22 pieds de côté donne 484 pieds
carrés, ce qui fait 13 toises carrées et 16 pieds
carrés, ou 13 toises carrées et $\frac{4}{9}$. Cent de ces
perches, c'est-à-dire l'arpent des eaux et forêts,
converties en toises carrées, produisent le nombre fractionnaire 1344 $\frac{4}{9}$: il n'y a donc que des
rapports compliqués entre les deux arpens et
entre le second et la toise carrée; mais ce n'est
pas tout. On ne peut même réduire le dernier
arpent en un carré dont le côté comprenne un
nombre exact de toises, puisque ce côté, composé de 10 perches linéaires ou de 10 fois 22
pieds, aurait 36 toises 4 pieds de longueur. Du
moins l'arpent de Paris répond-il précisément à
un carré de 30 toises de côté. Ce rapprochement
est bien propre, ce me semble, à montrer l'in-

curie qui régnait autrefois à l'égard du système
métrique , puisqu'on y avait laissé subsister
comme légale une mesure aussi incohérente avec
la toise , que cet arpent des eaux et forêts. Si,
de l'usage des deux arpens que je viens de citer,
il résultait déjà beaucoup d'embarras dans les
calculs , c'était bien pis encore lorsqu'on em-
brassait la totalité des mesures particulières
aux diverses provinces de la France. Il n'est pas
possible de penser à ce chaos de valeurs bizarres,
et à la confusion qu'elles devaient jeter dans la
comparaison de transactions semblables, faites
dans des lieux différens, sans apprécier le service que rendrait le nouveau système métrique, s'il était universellement et franchement
employé par tous les Français.

C'est principalement à fixer l'attention des
lecteurs sur tous les avantages du *système métrique décimal* , que sera consacrée la première
partie de cette exposition ; la seconde renfer-
mera quelques applications des nouvelles mesures au calcul des superficies et des volumes
ou capacités ; et l'on trouvera à la fin de l'ouvrage , les tables de comparaison entre les anciennes mesures et les nouvelles.

7*

PREMIÈRE PARTIE,

EXPLICATION GÉNÉRALE DU NOUVEAU SYSTÈME MÉTRIQUE.

60. En parlant des avantages de ce système, je ne ferai sans doute que répéter ici ce qui a déjà été dit un grand nombre de fois ; mais, sur un pareil sujet, il ne faut pas se lasser de répéter, tant qu'on n'a pas perdu l'espérance de produire quelque bien ; et il est d'autant plus nécessaire de multiplier les efforts, qu'outre la résistance que le commun des hommes oppose à tout ce qui contrarie ses habitudes, les nouvelles mesures ont encore contre elles les souvenirs de l'époque orageuse à laquelle on les a promulguées. L'esprit de parti et la légèreté s'unissent pour les proscrire ; néanmoins, indépendamment de toute considération du passé, il y a dans les choses susceptibles d'une vérité absolue, et le système métrique est de ce genre, des principes à l'évidence desquels on ne saurait se refuser.

Qu'est-ce que mesurer ? C'est déterminer le

rapport d'une grandeur quelconque à une autre de même espèce, que l'on est convenu de prendre pour terme de comparaison de toutes celles de cette espèce : il y aura donc d'abord dans les mesures une variété relative à celle des espèces de grandeurs et même de substances que l'on veut comparer ; car on aura à mesurer ou une *longueur*, ou une *superficie*, ou un *volume*, ou une *capacité*, ou enfin une *quantité de matière* qui s'apprécie par le poids. Ensuite, lorsqu'on aura choisi pour chacune de ces espèces de grandeurs une unité, il faudra composer avec cette unité des mesures plus grandes pour éviter l'emploi de nombres trop considérables, dont on se forme difficilement une idée, et qui embarrassent le calcul ; il faudra aussi diviser cette unité pour mesurer les quantités qui sont plus petites qu'elle. N'est-il pas évident qu'on soulagerait beaucoup la mémoire si l'on établissait dans toutes les mesures, à quelque espèce de grandeur qu'elles appartinssent, les mêmes rapports d'accroissement et de décroissement à l'égard de leur unité ? et c'est précisément ce qu'on a fait dans le nouveau système métrique.

61. L'unité pour les longueurs, ou *l'unité linéaire*, est le *mètre*;

L'unité pour les superficies est *l'are*;

L'unité pour les volumes est le *stère*;

L'unité pour la capacité des vases avec lesquels on mesure les graines et les liquides est le *litre*;

L'unité pour les poids est le *gramme*;

Enfin l'unité monétaire est le *franc*.

Dans chacune de ces espèces, on a formé les mesures composées, en prenant 10 fois, 100 fois, 1000 fois, 10000 fois l'unité fondamentale indiquée ci-dessus; et pour les mesures plus petites, la même unité a été divisée d'abord en 10 parties ou *dixièmes*, chacune de ces parties en 10 autres ou *centièmes* de l'unité fondamentale, chacune de ces dernières en 10 autres ou *millièmes* de l'unité fondamentale, et ainsi de suite.

Quoi de plus simple que cette uniformité de rapports conformes à notre manière de compter par *dixaines*, par *centaines*, par *mille*, etc., et l'introduction des parties de dix en dix fois plus petites, ou la division décimale de l'unité, qui, rendant le calcul des fractions semblable à celui des nombres entiers, fait disparaître de l'arithmétique les opérations sur les *nombres complexes*, c'est-à-dire avec livres, sous et deniers, toises, pieds, pouces et lignes, etc.? La difficulté de ces opérations, presque inconnues dans les petites écoles, était cause que l'immense majorité de ceux qui savaient lire et écrire ne connaissaient d'autres règles que celles de l'addition et de la soustraction. Je demande pardon au lecteur de l'entretenir de choses aussi triviales ; mais j'y suis forcé, car c'est là le point le plus important du sujet que je traite. Si le calcul décimal pouvait s'introduire dans les petites écoles, avec l'usage des nouvelles mesures, non-seulement la ménagère serait en état de faire tous les calculs dont elle a besoin, mais l'ouvrier exécuterait sans peine tous ses toisés ; puis, en y joignant l'usage de la règle et du compas pour tracer quelques figures de géométrie, il construirait lui-même ses plans, et le cultivateur n'éprouverait aucun embarras dans la pratique de l'arpentage.

62. Après avoir pourvu à la facilité du calcul, par l'emploi de la numération décimale, il convenait d'appliquer aux différentes mesures composées, ou aux subdivisions de l'unité, des noms

qui rappelassent cette numération. Tel est l'objet des mots.

Déca, *hecto*, *kilo*, *myria*,

qui répondent respectivement aux nombres

10, 100, 1000, 10000,

et des mots

Deci, *centi*, *milli*,

qui répondent respectivement aux

10mes, 100mes, 1000mes

de l'unité fondamentale.

Ces mots ne s'emploient jamais seuls; mais ils s'appliquent à toutes les mesures : ainsi l'on dit également un *hectomètre* et un *hectogramme* pour cent mètres et cent grammes; un *centimètre* et un *centigramme* pour la centième partie d'un mètre et pour celle d'un gramme. A l'égard des *monnaies*, dont l'usage est si répété, pour abréger on s'est borné à dire *décime*, *centime*, au lieu de *décifranc*, *centifranc*. En jetant les yeux sur le tableau contenu dans la page suivante, on se fera, dès le premier coup d'œil, une idée exacte et complète du système métrique.

TABLEAU des Mesures décimales, montrant le système méthodique de leur nomenclature.

RAPPORTS DES MESURES de chaque espèce à leur mesure principale.		PREMIÈRE PARTIE du nom, qui indique le rapport à la mesure principale.	MESURES PRINCIPALES					EXEMPLES DES NOMS COMPOSÉS, pour exprimer différentes unités de mesures.
en lettres.	en chiffres.		de longueur.	de capacité.	de poids.	Agraire,	pour le bois de chauffage.	
Dix mille..	10000	Myria. (M)	MÈTRE (mè.)	LITRE (li.)	GRAMME (gr.)	ARE (ar.)	STÈRE (st.)	MYRIAMÈTRE, long. de dix mille mètres.
Mille. . .	1000	Kilo. (K)						KILOGRAMME, poids de mille grammes.
Cent. . .	100	Hecto. (H)						HECTARE, mesure agraire de cent ares.
Dix. . . .	10	Déca. (D)						DÉCALITRE, mesure de capacité de dix litr.
Un.	1	. . . . . .	Dix-millionième partie de la distance du pôle à l'équateur.	Un décimètre cube.	Poids d'un centimètre cube d'eau distillée.	Cent mètres carrés.	Un mètre cube.	DÉCIMÈTRE, dixième partie du mètre.
Un dixièm.	0,1	Déci. (d.)						CENTIGRAMME, centième partie du gramme.
Un centièm.	0,01	Centi. (c.)						*Nota.* Plusieurs composés, tels que décuare, kiloare, et tous ceux qui sont formés avec le stère, ne sont point d'usage.
Un millièm.	0,001	Milli. (m.)						

Rapport des mesures principales entre elles et avec la grandeur du méridien.

MONNAIES.

L'unité monétaire s'appelle FRANC.
Le Franc se divise en dix DÉCIMES.
Et le Décime en dix CENTIMES.
La valeur du Franc est celle d'une pièce d'argent à neuf dixièmes de fin, pesant cinq grammes.

63. Qu'on rapproche maintenant ce système de l'ancien, tel qu'il était adopté dans la capitale; peut-on de bonne foi méconnaître l'avantage que l'enchaînement régulier de toutes ses parties, a sur la bigarrure qu'offraient des divisions incohérentes comme celles

De la *toise* en 6 pieds, du *pied* en 12 *pouces*, etc.;

Du *muid* en 12 setiers, ou en 10 (selon qu'il s'agissait du blé ou du charbon de bois), du *setier* en 2 mines, de la *mine* en 2 minots, du *minot* en 3 boisseaux, du *boisseau* en demi, quart, demi-quart ou huitième, seizième ou *litron*, etc.;

De la *livre du poids* en 2 marcs, du *marc* en 8 onces, de l'*once* en 8 gros, du *gros* en 3 scrupules, du *scrupule* en 24 *grains*;

Enfin de la *livre tournois* en 20 sous, et du *sou* en 12 *deniers?*

Il fallait pour ainsi dire autant de règles de calcul qu'il y avait de genres de mesures, et un effort de mémoire assez grand pour apprendre et retenir leurs noms et leurs rapports; et ce dernier inconvénient, très-grave à l'égard des personnes peu instruites, est inséparable de toute nomenclature qui ne serait pas formée comme celle qui est exposée ci-dessus. Il affecte particulièrement les dénominations qu'à diverses reprises, et seulement par condescendance pour d'anciennes habitudes, l'autorité a permis d'appliquer aux mesures du nouveau système ; les mots anciens qu'on trouve parmi ces dénominations, tels que ceux de *lieue*, *arpent*, *pinte*, *livre de poids*, etc. , ne peuvent manquer d'occasioner beaucoup d'équivoques, puisqu'ils expriment des choses très-différentes selon le système auquel on les applique.

64. La difficulté qu'on oppose à l'admission des noms des nouveaux poids, parce qu'ils sont tirés du grec et du latin, ne mérite aucune considération. La langue la plus usuelle est remplie de mots grecs tout aussi difficiles à prononcer. Si le peuple les estropie quelquefois, cela n'empêche pas qu'on ne les reconnaisse, et lorsqu'on dit *chirurgien* et *apothicaire*, on peut bien dire *kilogramme*. Ajoutez à cela que les gens les moins éclairés sont bientôt instruits dans ce qui concerne leur intérêt, et l'on ne pourra plus se refuser à convenir de la supériorité d'un système métrique dont l'intelligence ne repose que sur le plus petit nombre possible de mots. Celui qui saura ce que c'est qu'un *centimètre* saura en même temps ce que c'est qu'un *centigramme*,

8

qu'un *centilitre*, qu'un *centiare;* tandis que celui qui sait qu'un sou est la vingtième partie de
la livre tournois, peut ignorer toujours ce que
c'est que le gros par rapport à la livre de poids.

En ramenant toutes les mesures à l'uniformité dans un pays aussi étendu que la France,
où elles variaient non seulement de province à
province, mais de ville à ville, et quelquefois
de village à village, on ne pouvait s'empêcher
de contrarier un grand nombre d'habitudes ;
dès lors, pourquoi s'arrêter à l'ancien système,
qui n'était pas généralement adopté, et se pri-
ver par-là de l'avantage de faire accorder la
progression des mesures avec notre système de
numération, en usage chez toutes les nations
civilisées ?

Voilà, ce me semble, plus de motifs qu'il n'en
faut pour appuyer l'utilité du nouveau système
métrique à l'égard de toutes les professions,
indépendamment du prix qu'il peut avoir par
les bases astronomiques et physiques sur les-
quelles il est établi, et dont je vais maintenant
donner une idée. Je n'ai point voulu les placer
en première ligne, comme on a coutume de le
faire, parce que c'est ainsi que beaucoup de gens
se sont persuadés que le résultat de travaux

aussi étrangers à leurs connaissances, ne pouvait leur être bon à rien.

65. Toutes les mesures relatives à l'étendue, c'est-à-dire les mesures de longueur, de superficie, de volume ou de capacité, dérivent immédiatement du mètre.

L'*are* est un carré dont le côté a 10 mètres de longueur, et qui contient par conséquent 100 mètres carrés.

Le *stère* est le mètre cube, c'est-à-dire un espace fermé par six faces carrées, dont chaque côté a un mètre de longueur.

Le *litre*, quelque forme qu'on lui donne, renferme un espace équivalent au décimètre cube; et, comme on le verra plus bas, 1000 litres, ou un kilolitre, font un volume égal au stère ou mètre cube.

Le *gramme*, ou l'unité de poids, est celui d'un volume d'eau pure égal à un centimètre cube. Par eau pure, on entend celle qui a été distillée; et comme la densité de l'eau change avec la température, on a choisi le point où cette densité est au maximum, un peu avant la congélation.

L'unité monétaire se tire de l'unité de poids; le *franc* pèse 5 grammes, et contient neuf dixièmes d'argent fin et un dixième d'alliage.

66. Pour achever de prendre dans la nature les bases du système métrique, il ne restait donc plus qu'à déduire le mètre de quelque ligne donnée par l'observation; et afin qu'il n'y eût rien de local dans une opération qui devait intéresser également tous les peuples instruits, on est convenu de donner au mètre une longueur égale à la dix-millionième partie de la distance du pôle à l'équateur, mesurée sur le méridien terrestre. Ce n'est pas ici le lieu de parler des grandes et belles opérations effectuées par **Delambre** et **Méchain** pour déterminer cette longueur, continuées par **MM. Biot**, **Arago** et quelques astronomes espagnols; on en trouve le détail dans un assez grand nombre d'ouvrages, que doivent nécessairement consulter ceux qui veulent acquérir des notions exactes sur l'un des plus importans travaux scientifiques de ces derniers temps.

Je me bornerai à dire ici que c'est d'après ces observations qu'on a fixé le rapport exact du mètre à la toise; et afin d'éviter les erreurs que pouvaient faire naître les dilatations et les condensations que les changemens de température occasionaient dans la longueur des étalons, fabriqués en platine, on a toujours évalué cette longueur pour la température de la glace fondante. On l'a trouvée de 443 lignes, 296, ou 3 pieds 0 pouces 11 lignes, 296.

On n'a pas apporté moins de soins dans la détermination du rapport des unités de poids, ancienne et nouvelle. Haüy et Lefèvre-Gineau, qui se sont occupés successivement de cette recherche, y ont employé des procédés aussi exacts qu'ingénieux : ils n'ont point opéré sur le gramme ; son volume est trop petit ; mais ils ont déterminé, en poids anciens, la pesanteur du kilogramme d'eau distillée dont le volume est égal à un décimètre cube. Ce poids s'est trouvé 18827 grains, 15, ou 2 livres 0 onces 5 gros 35 grains, 15, poids de marc.

Non-seulement les sciences mathématiques et physiques ont employé toutes leurs ressources pour assurer l'exactitude des bases du système métrique décimal; les arts ont rivalisé avec elles. Des instrumens nouveaux ont été inventés par nos plus habiles mécaniciens, Fortin et Lenoir, pour la construction des étalons, pour leur comparaison avec les autres mesures ; les mesures vulgaires même ont acquis une perfection qui peut influer

8*

beaucoup dans la pratique des métiers deman-
dant quelque précision. M. Kutsch, en employant une machine à diviser, a exécuté, en
buis, des doubles décimètres, dont les divisions sont aussi nettes qu'exactes, et dont le
prix n'est pas supérieur à celui des *pieds-de-
roi* de la même matière, le plus souvent très-
mal exécutés (1).

Il est bien important de remarquer que l'ouvrier, qui borne ordinairement l'exactitude de
ses travaux à la dernière division de la mesure
dont il se sert, ne pourrait manquer d'acquérir plus de précision en employant une mesure,
non-seulement mieux faite que le pied, mais
encore dont la dernière division (le millimètre) étant environ deux fois plus petite que la
ligne, l'obligerait à prendre plus exactement
les dimensions des objets qu'il se propose de
construire. Ces doubles décimètres peuvent,
le plus souvent, servir d'échelle pour la construction des plans (no. 36), et sont d'un usage
très-commode quand les mesures ont été prises

---

(1) Il tient à Paris, rue de la Tixeranderie, un dépôt
de ces mesures et de toutes les autres, dont l'exécution
est également bien soignée.

sur le terrain avec le décamètre et le mètre, et que la réduction s'opère par l'un des diviseurs du nombre 10.

Enfin, pour ne rien laisser à désirer, les savans qui ont concouru à l'établissement du système métrique, n'ont cessé de répandre les instructions les plus claires et les plus détaillées sur ce système et sur la comparaison des anciennes mesures avec les nouvelles. Ils ont rassemblé, des diverses parties de la France, tous les renseignemens qu'il était possible de se procurer sur les mesures locales, dont la plupart étaient à peu près inconnues hors du lieu où elles étaient en usage Il n'est donc aucun titre sous lequel la réforme des poids et mesures n'ait été avantageuse à la société; et, par conséquent, si la raison était toujours écoutée, le succès de cette belle opération eût été complet; mais, comme je l'ai déjà dit, les préjugés et l'insouciance s'y sont fortement opposés, et par une exécution maladroite de la loi, ont rendu les calculs plus compliqués qu'ils ne l'étaient dans l'ancien système.

67. En effet, au lieu de se hâter de substituer, dans les opérations, les mesures nouvelles aux anciennes, on a presque généralement continué de se servir de celles-ci; et on s'est imposé la

tâche d'en convertir les résultats en mesures décimales, lorsqu'il faut les rendre légaux. Ainsi,
outre les opérations qu'un ouvrier avait à faire
pour dresser un devis ou un mémoire par les
anciennes mesures, il faut encore qu'il y joigne
la conversion de celles-ci en mesures décimales,
opération longue, dont il n'aurait pas eu besoin
s'il avait pris ses mesures avec le mètre, le décimètre, s'il eût pesé avec le kilogramme, le
gramme, etc. S'il portait avec lui le mètre au lieu
de sa toise ou de sa règle de 4 pieds, et dans sa
poche le double décimètre au lieu du pied, n'au-
rait-il pas bientôt dans le coup d'œil la grandeur du décimètre, du centimètre et même du
millimètre, comme il y a celle du pied, du pouce
et de la ligne? et alors ne lui serait-il pas aussi
commode de se régler sur les premières divisions
que sur les secondes? Je ne parle point de la
toise, car le double mètre en approche de si
près, qu'à l'œil la différence est insensible.

Ce qui était à éviter surtout, et qui malheu-
reusement a eu presque toujours lieu et a jeté le
ridicule, et par conséquent la défaveur, sur les
nouvelles mesures, ce sont les traductions mal-
adroites que l'on a faites, jusque sur les affiches
publiques, de l'ancien système dans le nouveau.

Pourquoi descendre jusqu'au millimètre , par exemple , pour exprimer un nombre qui, dans les anciennes mesures, n'est exact qu'à 5 ou 6 pouces près? Quand on dit qu'une plante s'élève à un pied de haut, ne faut-il pas se contenter d'écrire 3 décimètres, au lieu de 324 millimètres ; et, ce qui serait encore plus ridicule, 3 décimètres, 2 centimètres, 4 millimètres? Quand on veut indiquer une grandeur d'une ligne à une ligne et demie, n'a-t-on pas aussitôt fait de dire 2 à 3 millimètres ; et n'est-il pas superflu d'écrire jusqu'à des millièmes de millimètres? Enfin, toutes les fois que l'on projette une construction quelconque, que l'on indique des mesures à volonté, ne doit-on pas les prendre en nombres ronds dans le nouveau système, comme on l'aurait fait dans l'ancien? On disait autrefois, par exemple, qu'un mur de clôture devait avoir 6 pieds sous chaperon ; il faut dire aujourd'hui qu'il doit avoir 2 mètres et non pas 1 mètre 949 millimètres, comme l'indiquerait la conversion exacte de la toise en mètre. Avec ce soin, les expressions dans le nouveau système métrique ne seraient pas plus compliquées que dans l'ancien, et les calculs seraient infiniment plus simples.

Pour la conversion des anciennes mesures en

nouvelles, et réciproquement, je renvoie aux
tables qui terminent ce Manuel. Là comparaison des diverses mesures locales que j'y ai rassemblées, rendra frappante la bizarrerie de ces
mesures, qui ne forment cependant qu'une petite partie de toutes celles qui étaient usitées
en France, et dont on trouve les valeurs dans
l'ouvrage que M. Gattey a publié sous le titre
d'*Élémens du nouveau système métrique*, et
dans les rapports sur ce sujet, adressés au ministre de l'intérieur par les administrations dé-
partementales.

DEUXIÈME PARTIE,

DU CALCUL DES AIRES ET DES VOLUMES.

68. Ces calculs et les opérations de mesurage qui fournissent les données, composent ce qu'on appelle le *toisé* des surfaces et des solides, ce que, dans les nouvelles mesures, on devrait appeler le *métrage*.

69. J'ai déjà rapporté, dans les articles 25-30, les formules qui servent à calculer les aires des principales figures géométriques. Toutes ces formules conduisent à la multiplication de deux nombres exprimant des mesures linéaires. Cette multiplication, souvent très-longue quand il faut l'opérer sur des nombres exprimés en toises, pieds, pouces et lignes, ne diffère pas de la multiplication des nombres entiers, lorsqu'on emploie les nouvelles mesures. La seule attention particulière au calcul décimal, consiste dans la place qu'il faut donner à la virgule après l'opération, et se trouve expliquée dans la plupart des instructions pu-

bliées par l'administration des poids et mesures, et dans presque tous les traités d'arithmétique. (*Voyez* entre autres le *Traité élémentaire d'arithmétique à l'usage de l'école centrale des Quatre-Nations,* p. 64 et suivantes.)

Qu'on ait, par exemple, un rectangle de 49 mèt., 54 de base sur 15 mèt., 27 de hauteur, on fera d'abord le produit des deux nombres 4954 et 1527 qu'on obtient en supprimant la virgule qui sépare les décimales des mètres, on trouvera le nombre 7564758, et il suffira de séparer quatre chiffres sur sa droite, par une virgule, pour exprimer les résultats en mètres carrés; on aura ainsi 756 mètres carrés, et les quatre chiffres restans, 4758, exprimeront des parties décimales du mètre carré.

S'il s'agissait de la mesure d'une pièce de terre, on ne tiendrait aucun compte de ces fractions, et on transformerait sur-le-champ la mesure en ares et en centiares, en séparant par une virgule, deux chiffres sur la droite du nombre 756 : il viendrait 7 ares et 56 centiares. Si le nombre de mètres carrés était de plus de quatre chiffres, le champ à mesurer contiendrait alors des hectares : 43927 mètres carrés, par exemple, comprennent 4 hectares, 39 ares et 27 centiares.

70. Lorsqu'on se propose d'évaluer de petites superficies, comme pour la maçonnerie ou la menuiserie, il faut tenir compte des parties du mètre carré; et, dans ce cas, on doit bien se garder de confondre le dixième du mètre carré avec le décimètre carré, et le centième du mètre carré avec le centimètre carré. Le mètre linéaire contenant 10 décimètres, le mètre carré contiendra 10 fois 10, ou 100 carrés d'un décimètre de côté, et qui seront par conséquent des décimètres carrés, *figure* 54 : on trouverait de même que, puisque le mètre linéaire contient 100 centimètres, le mètre carré contiendrait 10000 carrés d'un centimètre de côté, ou dix-mille centimètres carrés. Il suit de là qu'il faut séparer, de deux en deux à partir de la virgule, les décimales du mètre carré, pour obtenir des parties carrées de son aire. Dans l'exemple du numéro précédent, les 4758 dix millièmes de mètre carré fournissent 47 décimètres carrés, 58 centimètres carrés.

Si les chiffres décimaux se trouvaient en nombre impair, pour les traduire en mesures carrées, il faudrait en rendre le nombre pair en écrivant un zéro à la suite. Par exemple, un rectangle ayant 27 mètr. de base sur 4 mètr.,

3 de hauteur, donne pour produit 116,1. En
mettant un zéro à la droite de ce nombre, ce
qui n'en change pas la valeur, il devient 116,10,
nombre qui s'énonce en disant 116 mètres carrés et 10 décimètres carrés. Quelle différence
entre cette facilité de convertir les unes dans
les autres les mesures décimales, et les opérations répétées qu'il fallait effectuer dans l'ancien système pour passer des toises aux pieds,
des pieds aux pouces, etc., et qui devenaient
plus compliquées quand il s'agissait de pieds
carrés, de pouces carrés, etc.!

71. Les travaux de terrasse et de maçonnerie
qu'on a souvent à faire exécuter à la campagne,
et qui s'évaluaient à la toise cube, doivent être
rapportés au mètre cube; et comme leur calcul repose sur celui des superficies et des volumes des corps, j'ai cru nécessaire de donner
ici les principales formules de ce dernier, avec
quelques applications.

Pour mesurer les superficies et les volumes
des corps, on distingue ceux qui sont terminés
par des surfaces planes de ceux qui sont arrondis. La superficie des premiers se calcule par
les formules rapportées dans les articles 25-30 :
il ne sera donc question ici que du volume.

Le corps dont le volume se mesure le plus aisément est le *parallélépipède rectangle*. Il est indiqué dans la *figure 55* : toutes ses faces sont des rectangles ; on peut s'en représenter la capacité comme celle d'une boîte. Il est visible que si le fond de cette boîte est partagé en un certain nombre de petits carrés, sur chacun desquels on pose un petit cube ayant même face, on formera une espèce de couche dont l'épaisseur sera celle du petit cube, c'est-à-dire égale au côté du petit carré, et on pourra placer autant de ces couches de cubes dans la boîte, que l'épaisseur d'une couche est contenue de fois dans la hauteur de cette boîte. Le nombre total des petits cubes se trouvera en multipliant le nombre de cubes contenus dans chaque couche, par le nombre de ces couches. Or, si l'on prend pour côté du petit cube la division linéaire qui mesure exactement les dimensions de la boîte, le nombre des carrés contenus dans sa base exprimera l'aire de cette base (nos. 25 et 26) ; et en le multipliant par le nombre des mesures linéaires contenues dans l'épaisseur de la boîte, on aura le nombre de petits cubes qu'elle renferme, ce qui donnera par conséquent sa mesure à l'égard de ceux-ci.

Il suit de là que la mesure du volume d'un parallélépipède rectangle est *le produit de l'aire de l'une quelconque de ses faces , multipliée par son épaisseur prise perpendiculairement à cette face.*

Celle des faces qu'on choisit dans ce calcul se nomme *base* , et l'épaisseur correspondante s'appelle *hauteur*, parce que le plus souvent il s'agit de corps qui sont posés horizontalement, et dont l'épaisseur est verticale. On dit en conséquence que la *mesure du volume d'un parallélépipède rectangle est le produit de l'aire de sa base par sa hauteur*. Soit, par exemple, AB de 5 mètres , AD de 3 et AE de 6; l'aire ABCD contiendra 3 fois 5, ou 15 mètres carrés, et ce produit , multiplié par la hauteur de 6 mètres , donnera 90 mètres cubes : on voit que cela revient à multiplier successivement les nombres 5, 3 et 6 entre eux.

72. Les parties décimales qui pourraient se trouver dans la mesure des dimensions du parallélépipède proposé ne rendraient pas l'opération plus difficile.

Soient, par exemple, les deux côtés de la base $49^m,54$, $15^m,27$ et la hauteur $8^m,5$. En multipliant, sans faire attention aux virgules , le premier de ces nombres par le second , et leur produit par le troisième , on obtiendra 643004430 ; mais comme il y a en tout 5 chiffres décimaux , savoir , 2 dans chacun des deux premiers nombres et 1 dans le troisième , il en faut séparer un pareil nombre sur la droite du produit que l'on a trouvé, qui deviendra ainsi 6430,04430. La partie du nombre située à gauche de la virgule exprimera des mètres cubes.

Si l'on veut tenir compte des chiffres décimaux placés à droite , il faut observer que les parties qu'ils expriment sont successivement le 10e.,le 100e.,etc. , du mètre cube, et qu'on ne doit pas confondre le 10e. du mètre cube avec le décimètre cube ; car un mètre linéaire contenant 10 décimètres , la base du mètre cube contient 100 décimètres carrés , et multipliant par 10, on aura 1000 cubes d'un décimètre de côté , ou 1000 décimètres cubes. On trouvera de même que le décimètre cube contient 1000 centimètres cubes. Il résulte de là que le décimètre cube est la 1000e. partie du mètre cube , le centimètre cube est la 1000e. partie du décimètre cube , et qu'en général il faut prendre

9*

les chiffres décimaux de 3 en 3, pour qu'ils répondent à des mesures cubiques.

La partie décimale du nombre 6430,04430 ne contenant pas 6 chiffres, ne peut se partager en groupes de 3 chiffres; mais on y supplée en ajoutant un zéro à droite, ce qui ne change pas la valeur totale du nombre, et alors on trouve 6430,044300, nombre qui s'énonce ainsi: 6430 mètres cubes, 44 décimètres cubes et 300 centimètres cubes.

73. Pour mesurer le volume des corps terminés par des surfaces planes, on les décompose dans ceux que je vais définir.

1°. Le *prisme*, dont la base est un polygone quelconque, et dont toutes les faces latérales sont des parallélogrammes. Voyez la *fig*. 56.

Son volume s'obtient en multipliant l'aire de sa base par sa hauteur.

2°. La *pyramide*, corps dont la base est un polygone quelconque, et dont toutes les autres faces sont des triangles ayant leur sommet au même point. Voyez la *fig*. 57.

Son volume s'obtient en multipliant l'aire de sa base par le tiers de sa hauteur.

3°. Le *prisme triangulaire droit*, *tronqué*,

représenté dans la *fig.* 58, et dont la base supérieure n'est pas parallèle à l'inférieure.

Son volume s'obtient en multipliant l'aire
du triangle qui lui sert de base, par le tiers de
la somme des trois côtés perpendiculaires à
sa base inférieure.

Les aplombs et les équerres marqués sur les
figures montrent comment on prend les hauteurs de ces corps, soit en dedans, soit en
dehors.

74. Pour donner un exemple de l'emploi de
ces formules, j'indiquerai comment on peut
évaluer le volume de terre enlevé en creusant
un fossé dont le contour est un rectangle, les
bords sont en talus et le fond est horizontal,
figure 59.

La partie qui répond aplomb sur la surface
inférieure du fossé n'offre aucune difficulté,
parce que c'est un parallélépipède rectangle, si,
comme je le suppose ici, le terrain primitif est
horizontal : il reste donc à mesurer l'évasement.
En le prenant d'abord carrément sur les côtés de
la figure, on forme un prisme triangulaire dont
les bases sont des triangles égaux et rectangles
AEF, BGH, et dont la hauteur est AB : son
volume se calcule par la formule du prisme

rapportée ci-dessus. Entre les bases de ce prisme et les rencontres AC et BD des talus contigus, se trouvent deux pyramides ayant aussi pour bases les mêmes triangles AEF, BGH, et pour hauteurs les parties CF et DH du côté extérieur CD, qui dépassent le côté intérieur AB. Ces pyramides se calculent par la formule propre à cette espèce de corps. En répétant l'opération pour chaque talus différent et prenant la somme des résultats partiels, on aura le volume total.

Si les bords du fossé étaient verticaux, le fond horizontal, mais que la surface du terrain ne fût pas de niveau, il faudrait employer la formule du prisme triangulaire tronqué, en partageant le fond en triangles, et mesurant les profondeurs sur chaque angle du triangle. C'est à quoi servent les buttes ou *témoins* qu'on laisse dans les grandes excavations.

75. Quand il s'agit de mesurer des matériaux en tas, on leur donne, autant qu'il est possible, une forme régulière. Les pierres, le bois, se rangent en parallélépipèdes rectangles et se mesurent aisément. Les terres prennent un talus dont il faut tenir compte. La *figure* 60, qui n'est que la *figure* 59 renversée, montre la dé-

composition d'une masse de terre en prismes et en pyramides ; les lignes cotées indiquent les dimensions qu'il faut mesurer.

Ceux de nos lecteurs qui ont étudié avec attention les articles 31-33, comprendront sans peine que les volumes peuvent être calculés soit par les sommes des parties qui les composent, soit en les renfermant dans un corps régulier, et retranchant du volume de ce corps celui des espaces qui demeurent vides. Le plus souvent, quand ces espaces sont petits, on se contente de les estimer à vue, ou de les compenser par des espaces en excès dans le volume à mesurer, comme on l'a indiqué pour les aires (n°. 34).

76. Je passe aux formules qui regardent les corps arrondis ; et comme pour mesurer ces corps il faut mesurer la superficie du cercle, je ferai observer,

1°. Que la circonférence d'un cercle s'obtient en multipliant son diamètre par le nombre 3,14159 dont on ne prend que 2 ou 3 chiffres décimaux, si l'on n'a pas besoin d'une grande exactitude ; 2°. que si l'on a mesuré la circonférence, on en conclura le diamètre en la multipliant par le nombre décimal 0,31831 ; 3°. que l'aire d'un cercle s'obtient en multipliant l'aire du carré construit sur son rayon, par le nombre 3,14159 déjà cité, ou celle du carré contruit sur son diamètre par le nombre 0,7854, quart du précédent.

Cela posé, j'indiquerai les corps ronds les plus simples.

1°. Le *cylindre droit* ou perpendiculaire sur sa base qui est un cercle. Voyez la *fig.* 61.

Sa superficie s'obtient en multipliant la circonférence de sa base par sa hauteur, et son volume, en multipliant l'aire de sa base par sa hauteur.

2o. Le *cône droit*, dont la pointe ou le *sommet* répond aplomb sur le centre du cercle qui forme sa base. Voyez la *figure* 62.

Sa superficie s'obtient en multipliant la circonférence de sa base par la moitié de la longueur AB, qu'on nomme son côté, et son volume, en multipliant l'aire de sa base par le tiers de sa hauteur.

3°. Le *tronc de cône droit*, ou cône droit coupé parallèlement à sa base. Voyez la *fig.* 63.

Sa superficie s'obtient en multipliant la somme des circonférences des deux bases par la moitié de son côté AB.

Pour en obtenir le volume, il faut prendre le rayon de la base supérieure, celui de la base inférieure, calculer l'aire du carré construit sur leur somme et en retrancher leur produit, puis multiplier le reste par le tiers de la hauteur de ce tronc et par le nombre 3,14159.

Cette formule étant plus compliquée que les précédentes, voici un exemple de son application. Je suppose que la base inférieure ait 4 décimètres de rayon, la base supérieure 3, et que la hauteur soit de 5 ; on ajoutera 3 et 4, ce qui fera 7 ; on multipliera ce nombre par lui-même pour obtenir l'aire du carré, ce qui donnera 49 ; on en retranchera le produit de 3 par 4 ou 12, et il restera 37, qu'on multipliera d'abord par 5 : on trouvera 185 décimètres cubes ; il suffira, à cause de la petitesse du décimètre cube, de prendre les trois premiers chiffres du nombre 3,14159 : multipliant donc 185 par 3,14, il viendra 580,90 dont on prendra le tiers. ce qui donnera 193,63, c'est-à-dire environ 194 décimètres cubes.

4°. La *sphère*, ou boule parfaitement ronde dans tous les sens. Voyez la *fig.* 64.

Sa superficie s'obtient en multipliant l'aire du carré construit sur son diamètre par le nombre 3,14159, *et son volume, en multipliant son aire par le tiers de son rayon ou demi-diamètre, ou, ce qui revient au même, par le sixième du diamètre.*

77. Les formules qui donnent la superficie et le volume du cylindre servent à calculer la maçonnerie des puits, des parties rondes dans les constructions; les formules de la sphère s'appliquent à quelques voûtes de four, etc. Pour me borner aux volumes ou capacités, objet spécial de cet article, je ferai remarquer que la forme cylindrique est celle des litres, décalitres, hectolitres, des anciens litrons, boisseaux, etc., et d'un grand nombre de vases employés à mesurer les graines et les liquides : on peut donc, avec la formule du volume du cylindre, calculer ou vérifier la contenance de ces mesures; car quand on a la mesure d'une capacité en mètres cubes et parties du mètre cube, rien n'est plus aisé que de la convertir en litres, puisque le litre est équivalent au décimètre cube, et par conséquent à la millième partie du mètre cube. Dans l'exemple de la page précédente, les 194 décimètres cubes représentent 194 litres, s'il s'agit de graines ou de liquides, ou bien 1 hectolitre, 9 décalitres et 4 litres. J'observerai en passant

que le kilolitre, contenant 1000 litres, a le même volume que le mètre cube.

Dans cette circonstance, le nouveau système métrique a encore un grand avantage sur l'ancien, puisqu'une capacité exprimée par la toise cube et ses parties ne pouvait être convertie en pintes, boisseaux, etc., que par des opérations fort compliquées, et dont les élémens n'étaient pas très-connus.

78. La formule du cône tronqué doit être remarquée, car elle est d'un usage fréquent : les cuves, les baquets, les chaudières et beaucoup de grands vases s'y rapportent immédiatement.

Les tonneaux, quand on ne cherche pas une grande exactitude, peuvent être regardés comme composés de deux cônes tronqués. Voyez la *figure* 65.

Si l'on voulait plus de précision, sans recourir à une formule compliquée, il n'y aurait qu'à partager le tonneau en quatre cônes tronqués, comme dans la *fig.* 66, ou même en six. Par ce moyen on tiendrait compte de la courbure des douves du tonneau vers son milieu.

Le tonneau étant posé sur l'un des fonds, on peut, lorsqu'il n'est pas plein, déterminer le vide qui s'y trouve, en plongeant une baguette jusqu'à la surface du liquide, et mesurant soit la circonférence, soit le diamètre du tonneau, à la même distance au-dessous de son fond supérieur; on calculera le volume du cône tronqué ayant pour bases ce fond et la surface du liquide, ce qui donnera le vide du tonneau. Si le liquide n'en atteignait pas la moitié, il faudrait plonger la baguette jusqu'au fond inférieur, et considérer le cône tronqué compris entre ce fond et la surface du liquide.

79. On a donné, dans les livres où cette opération, appelée *jaugeage*, est expliquée, des formules appropriées à des courbures particulières des douves; mais elles ne sont bien sûres que pour l'espèce de tonneaux qui approche assez de la forme supposée.

La formule la plus usitée prescrit de *calculer l'aire du cercle ayant pour diamètre $\frac{1}{3}$ de celui du fond, plus $\frac{2}{3}$ de celui du bouge (ou milieu du tonneau), et de la multiplier par la longueur du tonneau.* Cette règle donne un résultat plus grand que la somme des deux cônes tronqués indiqués ci-dessus, mais les personnes qui ne craignent pas le calcul, et qui désirent savoir à quoi s'en tenir sur l'exacti-

tude du résultat de leurs opérations, peuvent,
au moyen des divers diamètres qu'elles ont mesurés, et des distances de ces diamètres, construire sur le papier la coupe du tonneau,
comme l'indique la *fig*. 67 ; puis calculer en
même temps les troncs de cônes marqués par les
lignes intérieures à la courbe des douves, et par
les lignes extérieures : la somme des uns donnera un total plus petit que la capacité du
vaisseau, celle des autres un total plus grand,
et le milieu entre les deux sera sensiblement
exact, l'erreur étant au-dessous de la différence
de ces résultats.

Ceci ne s'adresse qu'aux lecteurs qui ont
quelque goût pour ce genre d'opérations, afin
de les mettre sur la voie des procédés qu'il
faut employer quand les vaisseaux sont terminés par des courbes plus irrégulières encore,
et de leur montrer comment ils peuvent apprécier la justesse de leurs pratiques.

NOTES

DE L'INSTRUCTION ÉLÉMENTAIRE

QUI PRÉCÈDE.

N°. 28, PAGE 27.

La formule donnée dans cet article, pour évaluer l'aire du triangle, exige une opération subsidiaire, celle d'abaisser une perpendiculaire de l'un des angles de ce triangle, sur le côté opposé : voici une formule qui ne demande que la simple mesure des côtés :

Ajoutez ensemble les trois côtés ; prenez la moitié de la somme trouvée ; retranchez-en alternativement chacun des côtés, et faites le produit de la demi-somme et des trois restes : la racine carrée de ce produit sera la mesure de l'aire du triangle proposé.

(On se rappellera que la racine carrée d'un nombre est celui qui, multiplié par lui-même, reproduit le premier.)

Exemple : Soient 5 mèt., 12 mèt. et 13 mèt., les trois côtés du triangle proposé; leur somme sera 30 et la moitié 15 ; retranchant de cette demi-somme les côtés 5, 12 et 13, le premier reste sera 10, le second 3, le dernier 2 : on aura donc à multiplier entre eux les quatre nombres 15, 10, 3 et 2 ; le produit 900 a pour racine carrée 30 : l'aire du triangle proposé est donc de 30 mètres carrés.

Si l'on construisait ce triangle sur le papier, suivant le procédé du n°. 41, on reconnaîtrait qu'il est rectangle à la jonction des côtés 5 et 12 ; qu'ainsi le côté 5 étant pris pour base, 12 sera la hauteur. La formule du n°. 28 donnerait pour l'aire, le produit de 5 par 6, c'est-à-dire 30, de même que ci-dessus.

L'usage des tables de logarithmes abrège beaucoup le calcul. En voici un exemple :

Les côtés étant. . . 53 mèt.

$$77$$
$$98$$

Somme. 228
Demi-somme.. . . . 114

De. 114	114	114
Otant. . . . 53	77	98
Reste. . . . 61,	Reste. 37,	Reste. 16;

Log. de 114   2,05690
  de 61   1,78533
  de 37   1,56820
  de 16   1,20412

Somme. 6,61455
Moitié. . . . . . 3,30727 Log. de 2029 :

2029 mètres carrés sont donc la mesure de l'aire demandée,

N°. 35, Page 36.

Quand on ne cherche que des approxima-
tions, comme lorsqu'on se propose seulement
de faire la *reconnaissance* d'un terrain, on
mesure les distances par le nombre de pas
qu'on fait en les parcourant. On convertit ensuite ce nombre en mesures ordinaires, en le
multipliant par la longueur d'un pas.

Pour évaluer son pas, on parcourt une distance assez considérable, connue ou mesurée
avec soin; on en divise la longueur par le nombre de pas qu'on y a trouvé. Si, par exemple,
elle était de 1000 mètres, et qu'on eût fait
1209 pas, on en conclurait qu'un de ces pas
vaut 0_m, 827, c'est-à-dire 83 centimètres environ. En répétant plusieurs fois cette épreuve,
on viendra à bout de prendre une marche
régulière, qui pourra servir à évaluer, d'une
manière assez approchée, des distances même
considérables.

Par rapport à ces dernières, on peut éprou-
ver quelquefois de l'embarras, parce que l'attention et la mémoire tombent souvent en défaut
quand le nombre de pas devient un peu grand.

C'est ce que l'on prévient au moyen d'une machine appelée *odomètre*, c'est-à-dire *compte-pas*, qu'on s'attache au genou, et sur laquelle se trouve marqué à chaque instant le nombre de pas qu'on a fait. On en a construit même qui retranchent ou *décomptent* les pas qu'on peut être obligé de faire dans une direction contraire. Il y en a qui s'adaptent aux roues des voitures, et en marquent correctement les tours, ce qui peut être commode pour mesurer les distances sur les chemins horizontaux et unis.

Le temps peut servir aussi à la mesure des distances quand elles sont un peu grandes, et dispense de compter. Si l'on a une montre à demi-secondes, et que l'on éprouve plusieurs fois combien de temps on met à parcourir une distance dont la mesure est bien connue, on en conclura le chemin qu'on peut faire, avec la même marche, dans tout autre intervalle. Je suppose qu'on ait parcouru 1000 mètres en 12 minutes, et qu'on ait employé 1 heure 45 minutes pour une autre distance ; il s'ensuit qu'on fait 83 mèt., 333 par minute, et que par conséquent on a dû, en 1 heure 45 minutes, ou 105 minutes, faire 8750 mètres.

N°. 43, Page 49.

Ceux qui ont étudié les élémens de la géométrie n'auront pas de peine à voir que les trois
solutions du problème énoncé au n°. 40, répondent aux trois cas de la similitude de deux
triangles, savoir : *lorsqu'ils ont, chacun à chacun, tous leurs côtés proportionnels, ou un angle égal, compris entre des côtés proportionnels, ou enfin deux angles égaux;* en sorte
qu'il suffit de s'être procuré soit la mesure des
trois côtés d'un triangle, soit celle d'un angle
et des deux côtés qui le comprennent, soit celle
de deux de ses angles et d'un côté, pour construire un second triangle semblable au premier, et dont les côtés soient avec ceux de ce
premier, dans tel rapport qu'on voudra; et,
comme deux polygones, composés d'un même
nombre de triangles semblables et semblable-
ment disposés, sont semblables, si l'on partage
en triangles les figures formées sur le terrain,
on obtiendra les données propres à en construire de semblables sur le papier.

Lier ainsi par des triangles les différens points
remarquables d'un terrain, c'est ce qu'on appelle en faire la *triangulation*, qui est, comme
on voit, le fondement de l'art de lever les plans.

N°. 49, Page 58.

Quand on veut mettre beaucoup d'exactitude dans une triangulation, et l'étendre à des points très-distans les uns des autres, il faut prendre immédiatement la mesure des angles, et se servir pour cela d'instrumens propres à donner une grande précision.

Je n'ai exposé, dans l'article 48, que le principe général de leur construction; mais leur forme a varié avec le temps; on y a introduit successivement des parties accessoires qui en facilitent beaucoup l'usage, et leur donnent une grande exactitude, quoique sous de petites dimensions. Mon dessein cependant n'est pas d'en faire une description complète, qui exigerait beaucoup de figures, et qui ne conviendrait encore qu'à un instrument particulier. Je me bornerai à indiquer les circonstances principales, qui sont communes à tous les bons instrumens.

D'abord, pour en diminuer le volume, on a substitué le demi-cercle au cercle entier, dans les *graphomètres*, instrumens spécialement destinés à la levée des plans. Voyez la *fig.* 74. Ce changement ne me paraît pas heureux. Souvent la portion de l'alidade mobile, qui n'est pas appuyée sur le *limbe* (ou bord du demi-cercle), se fausse ; et l'on s'en aperçoit, parce qu'on ne peut la faire rentrer sur le limbe qu'avec un petit effort, défaut que ne saurait prendre l'alidade d'un cercle entier, toujours appuyée par ses deux extrémités.

De plus, il n'est pas aussi facile dans les graphomètres que dans les cercles entiers, de reconnaître si l'instrument est bien *centré*, c'est-à-dire si les lignes qui marquent l'angle sur les alidades se coupent bien au centre. Cela se voit tout de suite dans le cercle entier, parce que les angles opposés au sommet n'embrassent plus des arcs égaux lorsque ce sommet n'est pas au centre ; et en même temps on corrige l'erreur en prenant la moitié de la somme de ces arcs, puisqu'*un angle dont le sommet est placé entre le centre et la circonférence, a pour mesure la moitié de la somme des arcs compris entre ses côtés et entre leurs prolongemens.* On atténue aussi par ce moyen les erreurs de la division de l'instrument, quand il s'en trouve.

Pour rendre le *pointé* plus sûr, et voir plus distinctement les objets éloignés, on a remplacé les alidades à pinnules par des lunettes, dans l'intérieur desquelles on a placé des fils perpendiculaires entre eux, et dont la rencontre répond au centre de l'ouverture apparente, ou *champ* de la lunette.

Dans la plupart des graphomètres à lunettes, celle de l'alidade mobile est élevée au-dessus du plan de l'instrument, *fig.* 75, de manière qu'elle puisse se mouvoir perpendiculairement à ce plan, et par conséquent s'abaisser ou s'élever verticalement quand le demi-cercle est dans une situation bien horizontale. L'angle marqué alors sur l'instrument est celui que font les plans verticaux passant par le centre du demi-cercle et par les objets auxquels on vise ; et c'est par conséquent, sans aucune réduction, l'angle horizontal tel qu'il doit être tracé sur le plan qu'on lève.

Si la lunette mobile était appliquée sur l'instrument, on ne pourrait mesurer que les angles compris dans le plan passant par les objets observés et par le centre du cercle, plan qui n'est presque jamais horizontal, et qui change quand on passe d'un objet à un autre.

A mesure qu'on perfectionnait le *pointé* des instrumens, il était nécessaire que leur division

11

fût plus exacte et plus fine, pour qu'elle pût faire apprécier les petites différences d'alignement que rendait sensibles le grossissement des images dans les lunettes : c'est à quoi l'on a très-bien réussi au moyen d'un arc qu'on appelle *Vernier*, du nom de celui qui en a inventé l'usage. L'explication de la *fig.* 76 pourra en donner une idée. AB représente une portion du limbe de l'instrument; *ab* est un arc concentrique faisant partie de l'alidade, répondant à 5 divisions du limbe, mais divisé en 6 parties. Si les divisions du limbe sont des degrés, 5 vaudront 300 minutes; et si l'on en prend le sixième, on aura 50 minutes pour la valeur d'une division de l'alidade.

Si donc le premier point, c'est-à-dire le zéro de la division de l'alidade, répond au trait d'une division du limbe, le trait suivant de la division de l'alidade sera à 10 minutes en arrière du trait suivant de la division du limbe; il s'en faudra du double, c'est-à-dire de 20 minutes, que le troisième trait de la division de l'alidade n'arrive au troisième trait de la division du limbe, et toutes ces différences s'accumuleront pour former la sixième division de l'alidade, et compléter les 5 degrés correspondans du limbe.

Il suit de là que si l'alidade avance de 10 minutes, le second trait de sa division coïncidera avec le second trait de la division du limbe; si c'est de 20 minutes, la coïncidence aura lieu au troisième trait, et ainsi de suite de 10 minutes en 10 minutes.

Si le limbe était divisé en demi-degrés et qu'on en eût porté sur l'alidade 14 pour diviser le tout en 15 parties, chacune de ces parties vaudrait 28 minutes, et différant de celles du limbe de deux minutes seulement, indiquerait les minutes de 2 en 2, par les coïncidences successives avec les traits du limbe. On pourrait même avec un peu d'attention estimer les minutes impaires; car lorsque l'arc mesuré se termine à l'une de ces minutes, aucun trait de l'alidade ne coïncide avec ceux du limbe, mais une des divisions de l'alidade se trouve comprise en entier dans une division du limbe.

Pour mieux juger de la position respective des deux divisions, on les regarde avec une loupe; les instrumens les plus soignés portent même des microscopes destinés à cet usage.

Quand on est parvenu à rendre appréciables de très-petites parties de la division, il faut que les mouvemens de l'instrument et de ses alidades s'effectuent sans secousse et par degrés presque insensibles. On a donc inventé des mécanismes propres à donner, des mouvemens beaucoup plus lents et plus gradués que ceux qu'on peut imprimer avec la main seule. Les vis, travaillées avec art, en ont fourni le moyen.

Tout ce que nous pouvons en dire ici, c'est qu'ayant fixé sur le limbe une pince portant un écrou dans lequel passe une vis attachée à l'alidade, celle-ci ne se déplace, à chaque tour de la vis, que de la hauteur du pas de cette vis, c'est-à-dire de la distance entre deux révolutions consécutives de son filet, ce qui dépend de sa finesse qu'on sait maintenant porter très-loin. L'appareil est en outre disposé de manière qu'on peut rendre l'alidade libre afin de la placer promptement à la main, dans telle ou telle direction qu'on voudra, la vis ne servant qu'à perfectionner le premier aperçu.

Des graphomètres assez anciens, auxquels on avait déjà appliqué les *vis de rappel* dont nous venons de parler, sont encore fixés par une tige à une boule reçue dans une cavité où elle peut se mouvoir dans tous les sens, et est arrêtée en serrant une vis : c'est ce qu'on appelle un *genou*, à cause de la ressemblance avec cette articulation. Cependant , quelque ingénieux qu'ait pu paraître ce mode de mouvement , il ne saurait être assez doux et assez gradué pour répondre à la *sensibilité* des autres parties de l'instrument. C'est pourquoi on l'a remplacé par des mouvemens isolés qui s'exécutent d'abord librement avec la main , qu'on gradue ensuite au moyen de vis engrenées convenablement , et qu'on arrête enfin solidement avec des *vis de pression.*

Pour saisir les rapports de ces mouvemens , il faut concevoir l'instrument placé dans une situation horizontale, et porté sur une tige verticale, brisée en deux parties par une charnière *ab* , *fig.* 77, dont l'axe est horizontal, en sorte que le plan de l'instrument puisse prendre telle inclinaison qu'on voudra, par rapport à l'horizon , puis que la partie inférieure, *cd* , de la tige, demeurant verticale, tourne sur elle-même , afin qu'on puisse diriger vers tel point de l'horizon qu'on voudra l'axe de la charnière.

Avec ces deux mouvemens, on peut toujours mettre le limbe de l'instrument dans le plan déterminé par le point qu'occupe l'œil de l'observateur, et ceux où il se propose de viser, puisque, par le mouvement horizontal, l'axe *ab* de la charnière, autour duquel se fait le mouvement vertical, peut toujours être rendu parallèle à la commune section du plan horizontal et du plan incliné qui contient les deux points à observer : il ne restera plus qu'à faire tourner l'instrument autour de cet axe, pour lui donner l'inclinaison du premier plan.

Mais ce n'est pas tout d'avoir fait coïncider ces deux plans, il faut encore amener tel point du limbe qu'on voudra vers l'un de ceux auxquels on doit viser. C'est ce qui s'effectue en faisant tourner l'instrument sur son centre O, autour de la tige qui le porte immédiatement, et qui est alors perpendiculaire au plan des objets et de l'œil.

Un dernier perfectionnement ajouté au cercle entier par Borda, d'après une indication de Mayer, c'est la propriété de multiplier les angles observés, en sorte qu'au lieu de ne mesurer que l'angle simple, on puisse trouver marqué sur l'instrument un multiple de cet angle : c'est ce qui lui a fait donner le nom de *cercle répétiteur*.

On voit d'abord que ce procédé doit rendre sensibles de petites fractions qui échapperaient dans l'angle simple. Si, par exemple, on ne peut lire sur le limbe que la minute, $\frac{1}{4}$ de minute qu'on n'apercevrait pas dans l'angle simple formant 2 minutes lorsqu'il est répété 8 fois, devient très-appréciable. De plus, quelque soin qu'on apporte à la division du limbe, il s'y rencontre souvent de petites inégalités; mais comme elles n'ont lieu que dans quelques points, et qu'à chaque répétition de l'angle on tombe sur un nouveau point du limbe, l'erreur peut s'anéantir par quelque compensation ou diminuer beaucoup lorsque, pour conclure de l'arc observé la mesure de l'angle simple, on divise cet arc par le nombre des répétitions qui ont eu lieu.

Voici comment il semble d'abord qu'on pourrait opérer avec une seule alidade qu'on rendrait alternativement mobile et fixe par rapport au limbe, et en empêchant à volonté celui ci de tourner sur son axe. On mettrait en premier lieu cette alidade sur le zéro de la division; on la fixerait sur le limbe par une vis de pression, et, dans cet état, on la dirigerait sur l'un des côtés AB, *fig.* 78, de l'angle BAC, qu'on se propose de mesurer. On arrêterait ensuite le limbe dans cette position, où le pre-

mier point *b* de la division correspond au point
B ; puis on détacherait l'alidade pour la diriger
sur le point C. On la fixerait de nouveau sur le
limbe que l'on rendrait mobile, et on le tour-
nerait jusqu'à ce que l'alidade fût revenue sur
le point B, ce qui, en amenant le point *c* vis-
à-vis du point B, jetterait le premier point *b* de
la division, sur la gauche, à une distance *bb'*,
égale à l'arc *bc*. On arrêterait alors le limbe
dans cette position, puis on détacherait l'alidade pour la ramener encore sur le point C ;
il est visible que, dans ce dernier mouvement,
elle aurait parcouru, au delà du point *c*, un
arc égal à *bc*, et par conséquent, depuis le
point *b*, un arc double de celui qui mesure
l'angle BAC. En continuant ainsi de ramener
sur le premier côté de l'angle le point du limbe
dirigé sur le second, on ajoute à lui-même,
autant de fois qu'on veut, l'arc qui mesure cet
angle (1).

La sûreté de ce procédé dépend de la parfaite immobilité du limbe quand il est arrêté ;

---

(1) Si l'on éprouvait quelque difficulté à concevoir
cette manœuvre, il faudrait recourir au moyen indiqué
dans la note de la page 55.

car autrement le point de départ de chaque répétition ne correspondrait plus exactement au
point B. Pour ôter cette incertitude, et vérifier à
la fois les deux alignemens, on se sert d'une
seconde alidade qu'on peut rendre mobile ou
fixer au limbe, à volonté, comme la première,
mais placée au-dessous. *Voyez* la *fig.* 79.

Dans cette construction de l'instrument, on
amène d'abord sur le point C, *fig.* 80, l'alidade
supérieure fixée au limbe, sur le zéro de la division, et on dirige sur le point B l'alidade inférieure, qu'on a laissée libre. Cela fait, on
fixe cette dernière au limbe, et on l'amène sur
le point C, ce qui rejette la première sur la
droite, d'une quantité *cc'*, égale à l'arc *bc*; on
détache celle-ci pour la diriger sur le point B,
et lorsqu'elle y est arrivée, elle a parcouru le
double de l'arc qui mesure l'angle BAC. En prenant pour un nouveau point de départ celui
qu'occupe maintenant sur le limbe, la lunette
supérieure, on lui fera parcourir encore le
double de l'arc *bc*, ce qui formera le quadruple de cet arc, et on arrivera, par ce moyen, à
un multiple pair quelconque de la mesure de
l'angle BAC. On aperçoit sans peine que, dans
ces mouvemens, l'alidade supérieure parcourra

plus d'une fois la circonférence, et qu'il faudra
tenir compte, comme d'un seul arc, de tout le
chemin que cette alidade a fait depuis le premier point de départ. On remarquera aussi
que l'alidade ou lunette inférieure est placée à
côté du centre, ce qui change un peu l'angle.
Il a fallu lui donner cette position pour que le
limbe pût se mouvoir librement ; mais la
correction que cette circonstance exigerait est
insensible dès que la distance des points auxquels on vise est un peu grande par rapport
au rayon de l'instrument.

N°. 50, Page 60.

Quand les angles ont été mesurés avec précision, on ne se sert plus du rapporteur pour les construire sur le papier; cet instrument ne pouvant procurer quelque exactitude que de grandes dimensions qui le rendraient fort incommode. On voit sans peine l'effet que produit, sur le prolongement des lignes, une très-petite différence dans l'angle, lorsqu'elle se trouve près du sommet : il est donc à propos, non-seulement de marquer cet angle avec le plus grand soin, mais encore d'en déterminer l'ouverture le plus loin qu'il sera possible du sommet.

Pour cela, on a recours aux nombres qui expriment les cordes des arcs, et dont on a dressé des tables pour un rayon qu'on peut supposer à volonté égal à 1 ou à 10, ou à 100 ou à 1000, et ainsi de suite. On prend sur une échelle divisée en parties décimales, nommée *échelle de dixmes*, la longueur de ce rayon avec lequel on décrit du sommet A de l'angle, un arc indéfini DE, *fig.* 81, qui marque un point D sur le côté dont la direction est donnée. Cherchant ensuite, dans la table, la corde qui répond à l'arc observé,

on la prend sur l'échelle, on la porte sur l'arc
DE, à partir du point D, ce qui donne le point
E, par lequel tirant AE, l'angle DAE est celui
qu'on demande.

Si, par exemple on avait à construire un
angle de 25 degrés 3o minutes, sa corde étant
exprimée par o,44i38 quand le rayon est i, le
serait par 44, pour un rayon égal à ioo, et
par 44i pour un rayon égal à iooo (i).

Si l'on n'avait pas sous la main une table des
cordes comme celle que M Francœur a publiée,
on pourrait la remplacer par celle des sinus
naturels, qui faisait autrefois partie des tables
trigonométriques, et que maintenant, surtout
en France, on a supprimée, fort mal à propos,
à ce qu'il me semble. Le sinus d'un arc étant la
moitié de la corde de l'arc double, il s'ensuit
que *la corde d'un arc quelconque est le double du sinus de sa moitié.*

Dans l'exemple ci-dessus, la moitié de 25 de-

_____

(i) Il y aurait, je trouve, une grande commodité à
écrire toutes les lignes trigonométriques pour un rayon
égal à l'unité, parce qu'on passerait facilement de celui-là
à tel autre que ce fût. Quand le rayon est iooooo, il
faut pour passer au rayon i, séparer cinq chiffres décimaux sur la droite du nombre marqué dans la table.

grés 30 minutes est de 12 degrés 45 minutes, et a pour sinus 0,22069, dont le double 0,44138 est la corde cherchée.

Enfin, si l'on n'a que les logarithmes des sinus, on prendra celui du sinus de 12 degrés 45 minutes, qui est de 9,34380, et on le cherchera dans la table des logarithmes des nombres, comme le logarithme d'une fraction décimale : on trouvera ainsi 0,2207, comme par la table des sinus naturels.

Quand l'angle est obtus, on l'obtient avec plus de précision en construisant son supplément, c'est-à-dire l'angle formé sur le prolongement du côté donné; mais si l'on n'a pas assez de place sur le papier pour prolonger suffisamment ce côté, on peut prendre la corde de la moitié de l'arc donné, et la porter deux fois sur celui qu'on a décrit du sommet comme centre. De cette manière, on n'a besoin des cordes que jusqu'à celle de 90 degrés.

On voit aisément que, par le moyen des cordes, on peut déterminer aussi la mesure d'un angle déjà tracé sur le papier; car ayant décrit l'arc DE avec le rayon qu'on a choisi, on portera sur l'échelle la distance DE, pour en obtenir la valeur, et on trouvera, dans la table des cordes, à quel arc elle correspond.

Mais pour apporter dans la construction des plans le plus haut degré de précision, il faut, par les formules de la trigonométrie rectiligne, calculer immédiatement la longueur des côtés des triangles formés sur le terrain. On pourra mettre dans cette opération autant d'exactitude que le comportent les observations, et on décrira les triangles par leurs côtés mesurés sur l'échelle (n°. 41). Tout se réduit alors à se procurer une échelle bien divisée, et un bon *compas à verge*, quand les longueurs à prendre sont trop grandes pour le compas ordinaire.

C'est ici le lieu de prévenir le lecteur qui ne serait pas exercé à la construction des figures de géométrie, qu'il faut éviter dans les opérations sur le papier, et par conséquent sur le terrain, d'employer des lignes qui se rencontreraient sous des angles trop petits ou trop grands. Celles que l'on trace sur le papier, ayant toujours une certaine largeur, leur intersection est, dans le fait, une petite surface, mais d'autant moindre que le trait est plus fin. On l'a exagéré dans la *figure* 82, afin de rendre la chose plus sensible. On y voit que l'intersection **A**, où les lignes se coupent presqu'à angle droit, est plus resserrée et plus précise que l'intersection **B** des lignes qui se rencontrent très-obliquement. Ajoutez à cela que dans ce dernier cas une légère erreur commise dans le tracé ou dans la mesure de l'angle, en occasionerait une grande sur le point de rencontre cherché.

N°. 51, PAGE 61.

La propriété qui fait préférer la boussole aux autres instrumens, pour la levée rapide des plans, c'est de dispenser de prendre deux alignemens à chaque angle, en sorte qu'on n'a jamais à viser qu'au seul point qu'on veut déterminer, ce qui ne demande pas un établissement aussi long et aussi stable que celui qu'exigent les autres instrumens; mais à côté de cet avantage se trouvent bien des défauts. L'aiguille peut être arrêtée par le frottement sur son pivot, dérangée par la présence du fer, et donne bien peu de précision dans la mesure de l'angle; enfin il faut quelque temps pour placer l'instrument sur son pied, et pour attendre que les oscillations de l'aiguille aient cessé. Il existe un instrument, inventé pour l'usage des marins, qui est exempt de tous les inconvéniens particuliers à la boussole, qui est susceptible d'une précision beaucoup plus grande, qui, par-dessus tout cela, n'a pas besoin d'être posé sur un pied, et dont on peut par conséquent se servir à cheval. Il est encore peu connu des arpenteurs et des militaires, auxquels il serait néanmoins bien utile dans les reconnaissances.

L'instrument dont je veux parler est le *sextant de réflexion*. La *figure* 83 le représente sous la forme qui convient au genre d'opérations que j'ai en vue dans cette note. L'alidade MI porte au centre M, un miroir bien perpendiculaire au plan de l'instrument, et qui, lorsqu'elle est sur le premier point H de la division, devient parallèle à un autre miroir immobile N, placé sur le côté MG. Ce dernier miroir a une partie non étamée, au travers de laquelle on regarde, par une pinnule ou une lunette, placée en O sur l'autre côté MH de l'instrument, un objet B. On fait ensuite tourner l'alidade MI, jusqu'à ce que l'on aperçoive au bord de la partie étamée du miroir N l'image du point C, en contact avec le point B; et on lit sur l'arc IH la mesure de l'angle compris entre les objets B et C, au point où est l'observateur.

A proprement parler, l'arc IH n'est égal qu'à la moitié de celui qui mesure l'angle cherché; mais l'arc total GH, qui est de 60 degrés, est divisé en 120 degrés, et donne ainsi le double de la mesure de tous les arcs qu'il comprend.

Comme cette propriété est le plus souvent

12.

énoncée sans démonstration, je vais en donner
une qui paraît complète et assez simple.

Soient B et C , *fig.* 84, les points observés ;
que l'œil placé en O aperçoive au point N l'image
de l'objet C , renvoyée par le grand miroir M
sur le petit miroir N , enfin, que l'on prolonge
les rayons BN et CM jusqu'à leur rencontre en
A ; il faut , en conséquence de la loi de la réflexion, que l'angle OND , qui est *l'angle de
réflexion* sur le petit miroir N , soit égal à
l'angle d'incidence, formé par la ligne MN et
le prolongement de ND. Il suit de là que si
l'on mène NF perpendiculaire au petit miroir
N, les angles ANF et MNF, complémens des
précédens , sont encore égaux. Par la même
raison, les angles CME et EMN formés, le premier par le rayon incident parti du point C,
et la perpendiculaire EM au grand miroir M ,
le second par cette perpendiculaire et le rayon
réfléchi MN , sont encore des angles égaux .
donc l'angle CMN est double de EMN, comme
MNA est double de MNF.

Cela posé , EMN étant la moitié de l'angle
CMN extérieur au triangle AMN , est égal à la
moitié de la somme des angles MAN et MNA
qui sont les intérieurs opposés. Ce même angle

EMN, étant extérieur aussi au triangle MNF,
est égal à la somme des angles MFN et MNF,
qui sont les intérieurs opposés. Ces deux sommes sont par conséquent égales entre elles ;
mais la moitié de l'angle MNA comprise dans
la première, n'est autre chose que l'angle MNF
compris dans la seconde ; en retranchant ces
parties communes, on aura la moitié de MAN
égale à MFN. Or MF et NF étant respectivement perpendiculaires aux lignes MD et ND,
l'angle MFN est égal à NDM, et par conséquent à son alterne interne DMH : donc enfin
ce dernier n'est que la moitié de MAN.

L'angle MAN n'est pas précisément celui
qu'il faut mesurer ; c'est l'angle BMC formé au
centre de l'instrument, par les lignes menées des
points B et C ; mais cet angle BMC, étant extérieur au triangle BMA, est égal à la somme des
intérieurs opposés MAN et MBN, dont le dernier
devient d'autant plus petit que le point B est
plus éloigné, parce que la ligne MN n'a, au
plus, que quelques pouces : il peut donc être
négligé dès que la distance BN est considérable,
ce qui ne saurait être indiqué dans la figure.

L'alidade MI, *fig*. 83, porte un vernier dont
on se sert quand on veut avoir une mesure

précise de l'angle ; autrement on se borne à la lire sur la division du limbe. Pour obtenir encore plus de célérité dans l'opération à faire sur le terrain, on a trouvé un moyen fort simple de se dispenser de la lecture de l'angle, au moment où on le prend. Les extrémités H et I du côté MH et de l'alidade MI, étant armées de pointes de compas, il suffit d'avoir une bande de carton, dans laquelle on pique ces pointes pour marquer l'écartement du côté MH et de l'alidade MI, au moyen duquel on remet, quand on veut, ces deux parties dans la même situation respective. On peut donc renvoyer à un temps et à un lieu plus commodes la lecture des angles. On sent combien cela peut être avantageux pour les opérations militaires, où la promptitude est la condition la plus importante.

L'exctitude dont cet instrument est susceptible peut d'ailleurs être poussée très-loin. Avec un rayon de trois pouces et un vernier, il peut donner l'angle à moins d'une minute près. Combien la boussole est loin de cela, puisqu'à peine, sous les mêmes dimensions, peut-elle faire apprécier 3o minutes !

Les artistes anglais en ont encore construit de beaucoup plus petits, qu'ils ont nommés *sextans en tabatière*, et qui donnent l'angle jusqu'à la minute. (*Voyez* la *Bibliothèque britannique*, tome XVI, *Sciences et Arts*, p. 135, 144, et tome XIX, p. 77.)

Sans doute que cette exactitude est superflue pour les opérations de détail; mais il est toujours bien aisé de la négliger quand on n'en a pas besoin, ce qui abrège d'autant l'opération. Le grand avantage de cet instrument sur tous les autres, et qui le recommande particulièrement, c'est de pouvoir être tenu à la main. Employé avec la mesure des distances, soit au pas, soit par le temps (page 116), le sextant de réflexion rendrait les plus grands services pour lever les plans rapidement et presque à vue.

En suivant un chemin, pour déterminer la position des objets situés de part et d'autre, il suffirait, comme le montre la *figure* 85, de mesurer, à chaque changement de direction, l'angle que fait celle qu'on quitte avec celle qu'on prend, d'évaluer les intervalles parcourus dans chacune, et d'observer de deux points du chemin, suffisamment éloignés, les angles que les objets placés des deux côtés font avec sa direction.

Depuis qu on a remarqué l'utilité des instrumens à réflexion pour la levée des plans, on a
cherché à les simplifier; M. Allent a donné l'idée
d'une équerre de réflexion (*voyez* le *Mémorial
topographique et militaire, publié par le Dépôt
de la guerre*, 1re. édit., n° 4, p. 74); d'autres officiers du génie ont aussi proposé des instrumens
propres à mesurer les angles quelconques par
une seule réflexion; mais les instrumens à double
réflexion ont encore paru préférables; et il est
bon d'observer qu'en plaçant sur 90° l'alidade
du sextant, il peut remplacer l'équerre. Nous
ne saurions nous arrêter davantage sur le détail des instrumens en usage dans la levée des
plans; mais on le trouvera dans le *Cours complet de Topographie et de Géodésie*, publié
par **M. Benoît.**

Je terminerai cette note en faisant remarquer
que le sextant doit son nom à ce que l'arc total
qu'il embrasse est la sixième partie de la circonférence du cercle.

N°. 53, PAGE 63.

Si l'instrument dont on se sert a des lunettes *plongeantes*, c'est-à-dire pouvant s'élever ou s'abaisser perpendiculairement à son plan, en le mettant dans une situation horizontale, il donnera l'*angle réduit à l'horizon*, tel qu'il doit être employé dans la construction du plan. Mais quand les lunettes ne peuvent se mouvoir que dans le plan de l'instrument, elles ne donnent que des angles dont les côtés sont inclinés à l'horizon, lorsque les objets ne sont pas au même niveau, et elles ne font pas connaître l'angle qui serait compris entre les *projections horizontales* de ces côtés.

Pour obtenir ce dernier, il faut joindre à la mesure de l'angle formé par les rayons visuels menés de l'œil aux objets, celle de l'angle compris entre chacun de ces rayons et la verticale menée par l'œil de l'observateur.

En effet, si l'on suppose que les trois points A, B, C, *fig.* 86, descendent verticalement sur un plan horizontal en D, E, F, l'angle ECF qu'il faut obtenir, est celui que forment les plans verticaux menés par les droites AD et

AB, AD et AC, le même que celui que forment
deux droites *ab* et *ac* menées dans ces plans, par
un point quelconque *a* de la commune section
AD, perpendiculairement à cette commune
section. Or, quand on connaît les angles *bAa*,
cAa, ayant pris arbitrairement A*a*, on peut
construire séparément les triangles *bAa*, *cAa*,
rectangles en *a*, ce qui donne les lignes A*b* et
A*c*. Ayant alors deux côtés du triangle *bAc* et
l'angle qu'ils comprennent, on en déterminera
le troisième côté *bc*, qui est aussi le troisième
côté du triangle *bac* : on pourra donc construire ce dernier, et trouver ainsi l'angle *bac*
égal à l'angle cherché EDF.

Cette construction s'abrège beaucoup quand
on a des tables contenant les tangentes et les
sécantes naturelles ; car en prenant la distance
A*a* égale au rayon de ces tables, *ab* et *ac* sont
les tangentes ; A*b* et A*c* les sécantes des angles
bAa, *cAa*, et se trouvent tout de suite dans les
tables : on n'a plus à chercher que le côté *bc*.

Je n'ai voulu qu'indiquer ici comment l'angle
réduit à l'horizon dépend de l'inclinaison des
rayons visuels. On trouvera, dans mon *Traité
élémentaire de trigonométrie*, la manière de
calculer le premier de ces angles, par un triangle

sphérique. On a encore des moyens d'abréger l'opération, lorsque l'inclinaison des rayons visuels est assez petite, ce qui a lieu le plus souvent dans la pratique, principalement quand on vise à des points très-éloignés.

Il reste maintenant à donner une idée de la manière dont on mesure l'inclinaison des lignes, par rapport à l'horizon ou à la verticale. Il est évident qu'il faut d'abord mettre le limbe de l'instrument dans un plan vertical, passant par l'objet auquel on veut viser. Supposons que cet instrument soit un graphomètre à pinnules; si l'on attache un fil à plomb à la pinnule supérieure *e*, *fig.* 87, de l'alidade fixe, et qu'il batte exactement sur le point correspondant de la pinnule inférieure *d*, en ne faisant que raser son bord, c'est-à-dire sans paraître brisé ou former un angle, l'alidade fixe sera verticale, et par conséquent aussi le plan de l'instrument, si toutefois les pinnules *e* et *d* sont bien d'égale hauteur, et perpendiculaires au plan du graphomètre.

Cela posé, en dirigeant l'alidade mobile sur le point B, l'angle DAB, mesuré par l'arc *be*, donnera l'inclinaison du rayon visuel AB, par rapport à la verticale AD; et comme cette ver-

13

ticale, étant prolongée, passe par le point du ciel qui répond perpendiculairement au-dessus du centre de l'instrument, et qu'on appelle *zénith*, l'angle BAZ, supplément de BAD, se nomme *distance au zénith*, et sert aussi à indiquer la position de la ligne AB, par rapport à la verticale.

Si l'on prend les angles à partir du rayon A*h*, perpendiculaire au rayon A*e*, et par conséquent horizontal, l'angle BAH, mesuré par l'arc *bh*, complément de *be*, donnera la situation de la ligne AB, par rapport à l'horizon. Dans la figure, le point B étant moins élevé que le point A, BAH indique l'*abaissement* ou la *dépression* du point B au-dessous de l'horizon. Pour un point C plus élevé que le point A, l'angle CAH indiquera la *hauteur* au-dessus de l'horizon.

Au lieu de rendre vertical le diamètre *de*, on le place dans une situation horizontale, comme le montre la *figure* 88, au moyen d'un fil à plomb attaché sur la face opposée à la graduation de l'instrument, et qui doit battre sur une ligne tracée d'avance, perpendiculairement au diamètre *de*.

Les niveaux à bulle d'air, dont nous exposerons bientôt la construction, indiquant avec précision la situation horizontale, il suffirait d'en appliquer un sur le diamètre *de*, pour parvenir à rendre ce diamètre parallèle à l'horizon, et l'on pourrait alors se passer du fil à plomb; les instrumens exécutés avec soin ont d'ailleurs dans leur construction des moyens convenables pour les faire servir à la mesure des angles verticaux. Voici en abrégé ce qu'il faut faire avec le cercle répétiteur.

Quand on a rendu son plan vertical, en appliquant sur une de ses faces un fil à plomb, il faut amener sur le zéro de la division, et attacher au limbe la lunette appelée ci-dessus (pag. 129) *lunette supérieure, Ab, fig.* 89, puis la diriger vers le point B auquel on veut viser. Supposons, pour fixer les idées, que la face graduée du limbe soit à la droite de l'observateur; la *lunette inférieure*, qui se trouve maintenant sur la face à gauche, porte un niveau à bulle d'air pour la placer dans une situation horizontale : cela fait, ou la fixera à l'instrument, qu'ensuite on fera tourner de manière que la face qui était à droite se trouve à gauche, *fig.* 90. On vérifiera si la lunette portant le niveau est restée horizontale dans ce mouvewent ; si elle ne l'est pas, on la fera marcher à cet effet avec l'instrument. Enfin la lunette supérieure A*b*, qui est alors dirigée derrière l'observateur, sera détachée de l'instrument et ramenée sur l'objet B, ce qui lui aura fait parcourir un arc *bb'* double de celui qui mesure la distance de l'objet au zénith. En répétant cette manœuvre, on obtiendra le quadruple, et ainsi de suite.

On abrége et on facilite beaucoup l'opération quand on est deux : l'un dirige la lunette supérieure ; l'autre examine le niveau, et rectifie, s'il y a lieu, la position de la lunette inférieure.

Lorsqu'on veut apporter beaucoup de soin à la détermination des angles, on ne se borne pas à en mesurer deux dans chaque triangle ; on mesure aussi le troisième, et l'on vérifie si *la somme de trois valeurs obtenues fait exactement la demi-circonférence*, 180 degrés ou 200 grades. On n'obtient presque jamais cette précision, mais on en approche d'autant plus que l'instrument est meilleur et l'observateur plus habile.

Le même procédé s'applique aux polygones, pourvu qu'ils soient tout entiers dans un seul plan. On sait, par leur division en triangles, que *la somme des angles intérieurs doit faire autant de fois la demi-circonférence qu'ils ont de côtés moins deux*, et l'on cherche si la réunion des valeurs observées compose cette somme.

Si la différence, entre le nombre déduit de la nature du polygone et celui qu'on a conclu des mesures prises sur le terrain, ne surpasse pas la limite de l'erreur dont ce genre d'observation est susceptible, avec les instrumens dont on s'est servi, on est assuré de n'avoir commis aucune faute grave, et on répartit l'erreur totale entre les divers angles de la figure.

Lorsqu'il s'agit de figures appliquées à la surface terrestre, et que sa courbure est sensible entre leurs contours, on ne trouve point les sommes indiquées ci-dessus. Lors même qu'il ne s'agit que du triangle, les trois angles, réduits chacun au plan horizontal, donnent une somme qui surpasse toujours la demi-circonférence, parce qu'ils n'appartiennent plus à un riangle rectiligne, mais au triangle sphérique *abc*, *fig.* 91, formé par les grands cercles dans lesquels les plans menés par les côtés du triangle rectiligne ABC, et par le centre O de la

13*

sphère, rencontrent sa surface. Cela résulte de
ce que chacun des angles A, B, C, réduit à
l'horizon, ainsi qu'on l'a indiqué ci-dessus (page
143), devient celui que forment entre eux les
plans verticaux passant par les côtés du triangle rectiligne. L'angle A, par exemple, est remplacé par l'angle $b'a\,c'$, compris entre les tangentes ab' et ac' des arcs ab et ac. On peut
d'ailleurs, par la trigonométrie sphérique et la
connaissance très-approchée qu'on a de la valeur des côtés ab, ac, bc, calculer la somme
des angles du triangle abc.

Dans une triangulation un peu étendue, on
n'est pas toujours le maître de prendre pour
sommets des triangles, des points accessibles de
toutes parts, auxquels on puisse à volonté soit
planter des piquets verticaux, soit placer le
centre de l'instrument. La nécessité de s'élever
pour étendre sa vue au delà des obstacles que
présentent souvent les ondulations du terrein
ou les constructions dont il est chargé, font
prendre pour signaux les sommets des édifices élevés, comme les tours, les clochers, où
il est rarement possible d'établir l'instrument
au point sur lequel on a d'abord visé. Il faut
alors déterminer avec beaucoup de soin la po-

sition du centre de l'instrument, par rapport à la projection du point qui a servi de signal dans ce lieu, de manière qu'on puisse ensuite conclure du calcul quel est l'angle qu'on au‑ rait obtenu si on l'eût observé sur le signal même. C'est là ce qu'on appelle la *réduction de l'angle au centre de la station.*

Si, par exemple, le signal était la pointe du toit d'une tour circulaire, on se placerait dans un point O, *fig.* 92, duquel on pût aper‑ cevoir les signaux A et B marquant les deux autres sommets du triangle. Si l'on ne pou‑ vait pénétrer dans la tour, sur la direction du point O au point C projection de son centre, on mènerait par le premier, deux droites OM, ON, tangentes à la circonférence de cette tour; prenant ensuite les distances O*m* et O*n* éga‑ les, le milieu *p*, de la droite *mn*, donnerait l'alignement OC. Il est d'ailleurs aisé d'obtenir de plusieurs manières la demi-épaisseur de la tour, pour connaître la grandeur de OC. On mesu‑ rerait ensuite les angles AOB, COB; et comme les distances au centre des stations sont tou‑ jours très-petites par rapport à celles des sta‑ tions mêmes, on peut, en négligeant les unes, calculer les autres avec un degré d'approximation suffisant pour les employer à la place des véritables, dans l'évaluation de la différence des angles ACB et AOB. Ce n'est pas ici le lieu d'entrer dans le détail des procédés, qu'il faut varier d'après les circonstances locales : il suffit de faire observer que, connaissant BC, OC et l'angle COB, dans le triangle BOC, connaissant aussi AC, OC et l'angle COA, dans le triangle AOC, on peut calculer l'angle OCB du premier, l'angle OCA du second, pour en conclure l'angle cherché ACB, qui est la différence des deux précédens.

N°. 56, PAGE 72.

Au lieu des niveaux décrits dans cet article, qui sont embarrassans, et qui ne donnent pas une exactitude suffisante pour les opérations délicates, on se sert du niveau à bulle d'air. La sensibilité de ce niveau, dont nous avons déjà parlé ci-dessus (page 146) est assez connue, puisqu'il sert à l'établissement des billards. Il consiste, comme on sait, dans un tube de verre, qui, n'étant pas tout-à-fait rempli par un liquide, contient une portion d'air, ou *bulle d'air*, tendant toujours vers la partie la plus élevée, et occupant rigoureusement une place marquée, quand le tube est horizontal (*voyez* la *fig.* 93). On donne quelquefois à ce tube une légère courbure, afin de rendre plus régulier le mouvement de la bulle.

Ce niveau se vérifie comme les autres, par le renversement.

Lorsqu'on veut s'assurer qu'un plan est horizontal, il faut placer le niveau successivement sur deux lignes, faisant entre elles un angle assez ouvert. C'est pour faciliter cette opération que les graphomètres et les cercles à lunettes plongeantes, construits avec soin, portent dans leur plan deux niveaux à bulle d'air, placés à angle droit.

En substituant au tube un vase à fond plat et circulaire, recouvert d'une calotte sphérique au sommet de laquelle est marqué l'espace circulaire que doit occuper la bulle d'air, quand le fond est horizontal, on a construit un niveau qui se place commodément sur la planchette, pour la rendre horizontale.

Le niveau d'eau, représenté dans le *fig.* 72, avec lequel on ne peut embrasser à chaque station qu'un intervalle assez petit, est remplacé par une lunette portant un niveau à bulle d'air (*voyez* la *figure* 94). Je ne parlerai point ici de la vérification de cet instrument, ni de la manière de s'en servir, qui d'ailleurs ressemble beaucoup à ce qu'on fait avec le niveau d'eau; il me suffira de dire que la lunette, donnant plus d'étendue et de précision au *pointé*, permet de faire les *coups de niveau* beaucoup plus longs.

Les instrumens propres à déterminer avec précision les plus petits angles, peuvent servir aussi au nivellement. Lorsqu'outre la distance des deux points, on connaît l'inclinaison du rayon visuel qui va de l'un à l'autre, on trouve sans peine de combien l'un de ces points est plus élevé ou plus bas que l'autre. En effet, si la distance horizontale AH, *fig*. 95, des points A et B est donnée, avec la mesure soit de l'angle ZAB, compris entre la verticale AZ et le rayon visuel AB, soit de l'angle BAH, qui est la dépression de ce même rayon, on a tout ce qu'il faut pour construire un triangle semblable à BAH qui est rectangle en H, ou pour en calculer le côté BH, qui sera l'abaissement du point B au-dessous de l'horizontale AH. On pourrait employer la distance AB au lieu de sa projection AH.

Lorsque la distance PB est assez considérable pour que la courbure de la surface terrestre soit sensible dans cet intervalle, la ligne BH n'est plus la différence de niveau des points A et B. Abstraction faite de ses inégalités, la terre a été long-temps regardée comme rigoureusement sphérique ; mais si les progrès de l'astronomie ont fait découvrir le contraire, ils ont prouvé aussi que la différence était assez petite pour qu'on eût rarement besoin d'en tenir compte.

Dans ce cas, *la vraie différence de niveau*

est celle des distances AC *et* BC, *des points* A *et* B, *au centre* C *de la terre*, et revient à celle des lignes AP et BR, puisque les rayons CP et CR sont égaux.

La ligne BR, excès de la sécante CB sur le rayon CR, sera le plus souvent très-petite, à cause de la grandeur de ce rayon, par rapport à la distance PB, qu'on peut alors regarder comme égale à l'arc PR. Si, par exemple, on prend l'arc PR égal à la minute *centésimale*, qui répond au kilomètre (environ 500 toises), on ne trouve, dans les tables ordinaires, calculées pour un rayon égal à 10 000 000, aucune différence entre la sécante et ce rayon; il faut donc la déterminer directement.

J'ai donné pour cela, dans mon *Traité élémentaire de Trigonométrie*, une formule qui montre que, dans le cas présent, la valeur cherchée ne diffère pas sensiblement du quotient qu'on obtient en divisant le carré de PB, par le diamètre du cercle dont l'arc PR fait partie. Or le carré de PB est de 1 000 000 mètres, et le rayon de la surface de la mer, qui est en général plus petit que CP, et ayant 6 366 198, le diamètre en contient 12 732 396; le quotient ne s'élève qu'à 0 m., 08, c'est-à-dire 8 centimètres (environ 3 pouces), qu'il faudra retrancher de AP, pour avoir la différence de niveau des points A et B.

Il faut remarquer ensuite que, d'après la formule citée, les différences BR sont sensiblement proportionnelles aux carrés des distances au point P, puisque le rayon CR demeure toujours le même, et que par conséquent elles diminuent beaucoup plus rapidement que ces distances : à la moitié de PB, par exemple, la différence entre le rayon et la sécante ne sera plus que le quart de BR, c'est-à-dire 2 centimètres.

Pour déterminer la hauteur d'un point inaccessible quelconque, il faut le rapporter à une base commune, et mesurer à la fois les angles compris contre cette base et les rayons visuels menés à ce point, et l'angle que l'un de ces rayons forme avec la verticale; mais le problème se simplifie quand on peut poser l'instrument dans un point dont la distance horizontale au pied de la verticale abaissée du point dont on cherche la hauteur, est connue. Il suffit alors de mesurer l'angle vertical Cab, *fig*, 96; car avec cet angle et le côté ab connu, puisqu'il est égal à la distance AB, on construira le triangle abC rectangle en b, où l'on en calculera le côté

14

*b*C, auquel on ajoutera la hauteur *a*A du centre de l'instrument , et on aura la hauteur totale du point C au-dessus de la ligne AB.

Il n'est pas toujours nécessaire de parvenir au point B pour connaître AB : quand il s'agit d'édifices , leur forme offre souvent le moyen de déterminer AB d'une autre manière. Si c'était, par exemple , une pyramide régulière , ayant pour base un rectangle, *fig*, 97, en plaçant l'instrument dans un point F, perpendiculairement à l'une des faces ASB , il suffirait d'ajouter à la distance EF la moitié du côté AD de la base pour connaître la distance du point F au centre R de cette base , sur lequel tombe la perpendiculaire abaissée du sommet S de la pyramide.

Il n'est pas inutile de rappeler ici le moyen simple par lequel Thalès a , dit-on, mesuré la hauteur des pyramides d'Egypte, sans le secours d'aucun instrument. Il s'est servi de leur ombre. Le soleil s'élevant très-haut en Egypte , il y a dans la journée deux instans où ses rayons sont inclinés de 45 degrés sur l'horizon, ou forment avec ce plan , un angle égal à la moitié d'un droit; dans ces instans l'ombre d'une droite verticale est égale à sa hauteur : si donc on mesure alors la première, on connaîtra la seconde. Pour

saisir le moment convenable, on élèvera verticalement un bâton ; on décrira de son pied,
comme centre et avec un rayon égal à sa longueur, un arc de cercle, et on attendra que
l'ombre du bâton atteigne la circonférence de
ce cercle.

Ce procédé, le plus simple qu'on puisse trouver, ne saurait être employé dans les lieux où
le soleil n'arrive pas à la hauteur de 45 degrés,
et exige d'ailleurs le choix d'un moment particulier, mais on peut se dégager de ces restric-
tions, en marquant simultanément, à un instant
quelconque, les points auxquels se terminent
l'ombre de l'édifice à mesurer et celle du bâton.
Comme la longueur de celui-ci est connue, une
simple règle de trois, dont les termes seront la
longueur de l'ombre du bâton, celle de ce bâton, et celle de l'ombre de l'édifice, donnera
pour quatrième terme la hauteur cherchée.

Curieuse, peut-être, par sa simplicité, l'opération précédente n'est d'ailleurs susceptible
que de peu d'exactitude, à cause que les ombres
ne sont pas terminées bien nettement, et qu'on
trouve rarement des surfaces bien horizontales;
mais comme on a autant d'occasions qu'on veut
de l'appliquer à des angles de toits, à des arbres,

à des objets isolés, elle peut devenir un moyen d'apprendre à estimer les hauteurs à vue, en rectifiant les premiers aperçus.

Je ne quitterai pas ce sujet sans indiquer comment la mesure des angles horizontaux et verticaux donne le moyen de construire avec exactitude la vue d'un paysage, en déterminant les points principaux de sa perspective sur un plan donné.

Soient O, *fig.* 98, le point de vue pour lequel on se propose de construire la perspective, et ABCD le tableau vertical, dont l'intersection AB, avec le plan horizontal, est donnée par l'angle qu'elle fait avec une ligne AO, menée à un point remarquable de l'horizon. Maintenant si pour tout autre point E, on connaît l'angle AOG compris entre OA et OF, projection horizontale du rayon visuel OE, ainsi que l'angle EOF, compris entre ce rayon et sa projection, on obtiendra comme il suit, le point H, où le rayon visuel OE rencontre le tableau, et qui est la perspective du point E.

Ayant tiré sur le papier la ligne AO à volonté, et mené AB sous l'angle donné, on construira sur OA, l'angle AOF, aussi donné, et dont le côté prolongé jusqu'à la droite AB, marquera un point G , qui sera le pied de la perpendiculaire abaissée du point H sur AB. Il ne restera plus qu'à déterminer GH, ce qui s'effectuera en concevant que le triangle HGO, rectangle en G, tourne autour du côté OG, jusqu'à ce qu'il s'applique sur le plan horizontal AOB, en *h*GO. Dans ce mouvement, aucune de ses parties ne changera ; on n'aura par conséquent qu'à faire l'angle GO*h* égal à l'angle mesuré EOF , tirer O*h*, élever par le point G une perpendiculaire à OG, et on obtiendra la longueur de G*h*. En la portant sur GH, dans le tableau qu'on suppose aussi rabattu sur le plan horizontal, elle donnera le point H. Cette construction étant répétée pour un nombre suffisant de points remarquables, il deviendra très-facile de dessiner à vue les contours intermédiaires.

La planchette , quand l'alidade porte une lunette plongeante et un arc qui en fait connaître l'inclinaison, est très-propre à l'opération que je viens de décrire, parce que l'on construit la perspective en vue même des objets à représenter. (1)

---

(1). Au lieu de trouver ainsi différens points de la perspective , on la trace immédiatement et toute entière au moyen du *Diagraphe*, instrument inventé par M. Ga-

N⁰. 58, PAGE 74.

Parmi les divers moyens de tracer une méridienne, les deux plus simples sont ceux que je vais expliquer.

1⁰. On élèvera, sur un terrain horizontal bien dressé, ou sur une table mise de niveau, un bâton portant à son extrémité supérieure une plaque percée d'un petit trou S, *fig.* 99; avec un fil à plomb, passant par le centre de ce trou, on trouvera le pied A de la perpendiculaire SA, abaissée de ce point sur le plan horizontal. Cela fait, deux heures au moins avant midi, on marquera la place du centre B du petit trou qui paraît dans l'ombre de la plaque; et

vard, capitaine d'État-major, et ancien élève de l'école polytechnique. Le principe de la construction de cet instrument répond à ce qui précède : tandis que l'œil fait parcourir à une pinnule le contour des objets, un crayon, dont le mouvement est lié à celui de cette pinnule, prend sur un plan horizontal des positions correspondantes aux intersections des rayons visuels avec le tableau. A cette propriété, le diagraphe en joint un grand nombre d'autres qui se rapportent aux principaux problèmes relatifs aux projections, et qui facilitent la pratique du dessin et la détermination des ombres.

du point A comme centre, avec un rayon égal
à la distance AB, on décrira un grand arc de
cercle; puis on attendra l'instant de l'après-midi
où l'ombre de la plaque étant portée de l'autre
côté, le centre du petit trou éclairé vienne
tomber de nouveau sur l'arc tracé le matin.
Le milieu M de l'arc BC compris entre ces deux
points, étant joint au pied A de la perpendiculaire SA, donnera la méridienne AM.

Quoique deux ombres égales suffisent pour
l'obtenir, on marque dans la matinée plusieurs
ombres dont on prend les correspondantes après
midi; chaque point déterminant la méridienne,
on obtient ainsi des vérifications, et on peut en
déduire une direction moyenne, quand celles
qu'on a obtenues ne coïncident pas parfaitement.

Ce procédé, très-exact vers le temps des sol-
stices, aurait, à la rigueur, besoin d'une petite
correction aux environs des équinoxes, à cause
que la longueur des ombres correspondantes
aux mêmes intervalles avant et après midi,
n'est pas alors tout-à-fait la même; mais cette
circonstance peut être négligée dans l'*orienta-
tion* des plans ordinaires.

20. Dans les régions situées comme la nôtre,
au nord de l'équateur, et encore assez éloignées

du pôle, on peut employer à la détermination de la méridienne, l'étoile polaire, qui est aisée à trouver quand on connaît la constellation si remarquable nommée la *grande ourse*, ou le *grand chariot*. Cette étoile n'étant pas précisément au pôle, paraît, par l'effet de la révolution diurne de la terre, décrire autour de ce point un cercle qui s'en écarte de près de 2 degrés : l'on commettrait donc une erreur assez forte, si on prenait l'alignement de l'étoile polaire quand elle se trouve au point le plus oriental ou le plus occidental de son cercle diurne. Il faut, au contraire, tâcher de saisir le moment où elle est dans le méridien, ce qui lui arrive deux fois en 24 heures, savoir : une fois au-dessus du pôle et l'autre fois au-dessous.

On reconnaît à fort peu près ces instans, parce qu'alors l'étoile polaire se trouve dans le même plan vertical que la première de la queue de la grande ourse, c'est-à-dire des trois étoiles qui suivent le quadrilatère formant le corps. Pour s'en bien assurer, il faut suspendre un fil à plomb, se placer à quelque distance derrière, et attendre que les deux étoiles soient cachées par ce fil. Il ne s'agit plus alors que de tracer l'alignement indiqué par le fil et l'étoile ; c'est ce qu'on peut faire, si l'on a eu l'attention de remarquer, dans l'horizon ou sur quelque objet éloigné, un point qui fût traversé par le fil en même temps que les deux astres, ou si l'on a fait mettre, à une distance un peu grande, une lumière dans cet alignement: le point remarqué, ou le pied de la lumière, sera encore sur la méridienne. Cela fait, laissant en place le fil à plomb, on pourra, au jour, tirer une ligne passant par son pied et par le point déterminé comme on vient de le dire ; ce sera la méridienne cherchée.

Quand on a une méridienne tracée avec exactitude, il n'y a qu'à poser sur cette ligne, ou dans une direction parallèle, l'un des diamètres du cercle de la boussole; l'arc dont l'aiguille s'écarte de ce diamètre est la mesure de la déclinaison.

Ayant soin de répéter cette détermination assez souvent, pour savoir toujours quelle est la déclinaison de l'aiguille aimantée, la boussole pourra servir à orienter les plans.

FIN DES NOTES.

TABLES.

USAGE DES TABLES.

La table n°. I, ne contenant que la valeur de chaque unité des anciennes mesures n'a be soin d'aucune explication. On concevra sans peine l'usage des autres, en observant que pour prendre 10 fois, 100 fois, 1000 fois les nombres qu'elles contiennent, il suffit de reculer la virgule de 1, 2 ou 3 places vers la droite.

Soient, par exemple, 1437 arpens 59 perches, mesure de Paris, à convertir en hectares et en ares;

On trouvera dans la table IIIᵉ.,

		Hectares.	
Pour 1000 arpens.	. . . .	341,	8870
400	. . . .	136,	7548
30	. . . .	10,	2566
7	. . . .	2,	3932
Pour 50 perches.	. . .		1709
9	. . . .		·308
Somme.	. . . .	491,	4933

C'est-à-dire, 491 hectar., 49 ares et 33 cent.

Ire. TABLE *du rapport des mesures anciennes aux nouvelles.*

Mesures de longueur.

	Mètres.
Lieue commune, de 25 au degré, de 2280 toises.	4444
Lieue marine de 20 au degré. . .	5556
Lieue (petite) de 2000 toises. .	3898
Lieue de 2500.	4873
Perche des eaux et forêts, de 22 pieds.	7,1465
Perche de Paris, de 18 pieds. .	5,8471
Aune de Paris, 3 pieds 7 pouces 10 lignes.	1,188
Toise de Paris, 6 pieds.	1,94904
Pied-de-roi, 12 pouces.	0,32484
Pouce, 12 lignes. . . . · . . .	0,02707
Ligne.	0,002256

Mesures de superficie.

	mèt. carr.	ares.
Arpent des eaux et forêts, de 100 perches carrées des eaux et forêts.	5107,2	51,072
Arpent de Paris, de 100 perches carrées de Paris. . .	3418,9	34,189

Perche carrée des eaux et fo- _mèt. carr._   _ares._
rêts, 484 pieds carrés. . . 51,072 0,51072

Perche carrée de Paris, 324
pieds carrés. 34,189 0,34189

Aune de Paris carrée. . . . 1,412

Toise carrée, 36 pieds carrés. 3,79874

Pied carré, 144 pouces carrés. 0,10552

Pouce carré, 144 lignes carr. 0,000733

Ligne carrée. 0,000005

Toise cube, 216 pieds cubes. 7,40389 mèt. c.

Pied cube, 1728 pouces cub. 34,2773 décim. c.

Pouce cube, 1728 lignes cub. 19,8364 cent. c.

Ligne cube. . . . . 11,479 millim. c.

Solive de charpente, 3 pieds
cubes. . . . . 102,8318 déc. c.

Corde des eaux et forêts. . . 3,839 st. ou m. c.

Muid de bled de Paris, 12 setiers. . . . . 1872 litres.

Setier de Paris, 240 livres,
2 mines, 4 minots ou 12
boisseaux 156

Boisseau de Paris, 16 litrons
ou 655,8 pouces cubes. . . 13

Litron ou 40,9 pouces cubes. 0,8125

Muid de vin de Paris, 288
pintes 268,2144

15

Pinte de Paris, un peu moins
de 47 pouces cubes, 2 cho-
pines ou setiers, 8 pois-
sons, 16 roquilles. . . .   0,9313 litres.

N. B. Le quart du boisseau d'avoine se nomme *picotin*,
et vaut environ 3 litres.

Mesures de poids.

Tonneau de mer, 2000 livres   979,01 kilog.
Quintal, 100 livres.   48,95058
Livre, 2 marcs, 16 onces. .   0,489506
Marc, 8 onces. . . . .   2,44753 hect.
Once, 8 gros. . . . .   3,05941 déca.
Gros, 72 grains. . . . . . .   3,8243 gram.
Grain.   0,05311
Carat de joaillier, environ 4
   grains.   0,21244
Carat des essayeurs $\frac{1}{24}$ du tout.   0,041667
   $\frac{1}{32}$ du carat des essayeurs.   0,001302
Denier des essayeurs, 24
   grains, $\frac{1}{12}$ du tout. . . .   0,083333
Un grain des essayeurs. . .   0,003472

Monnaie.

Livre tournois, 20 sous, 240
   deniers. . . . .   0,9877 franc

Sou, 12 deniers.   0,0494
Denier.   0,0041

Mesures astronomiques et physiques.

Le jour étant divisé en 10 heures, l'heure ancienne égale 0 h. $41'67''$.. $1' = 69''$,4.. $1''$ $= 1''$, 16 décimale.

Degré, ou $\frac{1}{360}$ du cercle $= 1^d$, 1111.. $1' =$ $1',854$.. $1'' = 3'',09$ décimale.

Degré du thermomètre de Réaumur, $\frac{1}{80} =$ 1^d, 25 centigrade.

N. B. Le prix d'une nouvelle mesure est égal au prix de l'ancienne, divisé par le nombre écrit après l'ancienne.

IIe. TABLE *pour réduire les toises, pieds, pouces et lignes, en mètres et parties du mètre.*

Tois.	Mètres.	Pieds	Décimet.	Pouc.	Centimet.	Lig.	Millim.
1	1,94904	1	3,2484	1	2,7070	1	2,256
2	3,89807	2	6,4968	2	5,4140	2	4,512
3	5,84711	3	9,7452	3	8,1210	3	6,768
4	7,79615	4	12,9936	4	10.8280	4	9,024
5	9,74519	5	16,2420	5	13,5350	5	11,280
6	11,69422	6	19,4904	6	16,2419	6	13,536
7	13,64326	7	22,7388	7	18,9489	7	15,792
8	15,59230	8	25,9872	8	21,6559	8	18,048
9	17,54133	9	29,2356	9	24,3629	9	20,304
10	19,49037	10	32,4840	10	27,0699	10	22,560
				11	29,7769	11	24,816

IIIe. TABLE *pour convertir les arpens en hectares et les perches en ares.*

Arpens ou Perches.	Arpens des eaux et forêts en hectares, *ou* Perches carrées en ares.	Arpens de Paris en hectares, *ou* Perches carrées en ares.
1	0,510720	0,341887
2	1,021440	0,683774
3	1,532160	1,025661
4	2,042880	1,367548
5	2,553600	1,709435
6	3,064320	2,051322
7	3,575040	2,393209
8	4,085760	2,735096
9	4,596480	3,076983
10	5,107200	3,418870

IVe. TABLE *pour convertir les poids anciens en nouveaux.*

	Grains en décigr.	Gros en gramm.	Onces en décagr.	Livres en kilogram.	Quintaux en myriagr.
1	0,531	3,824	3,059	0,48951	4,8951
2	1,062	7,648	6,119	0,97901	9,7901
3	1,593	11,472	9,178	1,46852	14,6852
4	2,124	15,296	12,238	1,95802	19,5802
5	2,655	19,120	15,297	2,44753	24,4753
6	3,186	22,944	18,356	2,93704	29,3704
7	3,717	26,768	21,416	3,42654	34,2654
8	4,248	30,592	24,475	3,91605	39,1605
9	4,779	34,416	27,535	4,40555	44,0555
10	5,310	38,240	30,594	4,89506	48,9506

Ve. TABLE *pour convertir les livres en francs.*

Den.	Cent.	Livres.	Fr.	C.	Livres.	Fr.	C.
3	1	1	0,	99	600	592,	59
6	2	2	1,	98	700	691,	36
9	4	3	2,	96	800	790,	12
1s.	5	4	3,	95	900	888,	89
2	10	5	4,	94	1000	987,	65
3	15	6	5,	93	2000	1975,	31
4	20	7	6,	91	3000	2962,	96
5	25	8	7,	90	4000	3950,	62
6	30	9	8,	89	5000	4938,	27
7	35	10	9,	88	6000	5925,	93
8	40	20	19,	75	7000	6913,	58
9	45	30	29,	63	8000	7901,	23
10	49	40	39,	51	9000	8888,	89
11	54	50	49,	38	10000	9876,	54
12	59	60	59,	26	20000	19753,	09
13	64	70	69,	14	30000	29629,	63
4	69	80	79,	01	40000	39506,	17
15	74	90	88,	89	50000	49382,	71
16	79	100	98,	77	60000	59259,	25
17	84	200	197,	53	70000	69135,	80
18	89	300	296,	30	80000	79012,	34
19	94	400	395,	06	90000	88888,	89
		500	493,	83	100000	98765,	43

15*

VIᵉ. Table *de quelques autres mesures en usage dans les diverses parties de la France.*

Observations. Les valeurs de ces mesures sont tirées des *Élémens du Nouveau Système métrique*, par M. Gattey (1) : on n'y a mis que peu de décimales, parce qu'on les a rassemblées seulement dans l'intention de donner un exemple frappant de la complication des anciennes mesures ; et pour cela on a indiqué quelquefois le nombre des mesures différentes portant le même nom dans un même département.

Un tableau circonstancié de toutes ces mesures détaillées une à une, suivant les localités, passerait de beaucoup les limites prescrites à ce Manuel (2). D'ailleurs il a été publié dans chaque préfecture, sur l'invitation du ministre de l'intérieur, des tables de comparaison de toutes les mesures en usage dans cette préfecture. Les anciennes mesures locales du département de la Seine ne sont point relatées ici,

_____

(1) Cet ouvrage se trouve au *Dépôt des lois*, chez M. Rondonneau.

(2) L'article du département du Gers, par exemple, renferme soixante-douze mesures agraires différentes.

parce qu'on en trouve la valeur dans les tables précédentes.

Acre (Calvados), quatorze grandeurs différentes, variant de 36,3 ares à 97,2, suivant les lieux.

Arpent de Résigny (Aisne), 43,1 ares.

Aune de Brabant (Ardennes), 0,72 mètre.

• *Bicherée* (Ain), 10,5 ares.

Boisseau (superficie) (Aisne), 2,6 ares.

Boisseau (superficie) (Bouches-du-Rhône), 1,1 are.

Boisselée (Allier), de 7 à 7,6 ares.

Bonier (Ardennes), de 54 ares à 95.

Brasse (Cantal), de 1,7 mètre à 1,8.

Cartonnade (Haute-Loire), 7,6 ares.

Cartonnée (Loire), de 4,5 ares à 10,5.

Cannes (Basses-Alpes), de 1,9 mètre à 2,1.

Chaîne (Indre-et-Loire), 8,12 mètres.

Charge (Hautes-Alpes), de 28,5 à 64 ares.

Civadier (Bouches-du-Rhône), de 1,1 are à 2,5.

Compas (Gironde), 1,78 mètre.

Concade (Haute-Garonne), 98,8 ares.

Corde (superficie) (Côtes-du-Nord), 0,6 are.

Cosse (Bouches-du-Rhône), 0,4 are.

Coupée (Ain), 6,6 ares.

Danrée (Marne), de 5,4 ares à 5,9.

Dextre (Bouches-du-Rhône), de 0,14 are à 0,87.

Dinerade (Haute-Garonne), 38,4 ares.

Éminée (Hautes-Alpes), de 7,6 ares à 22,8.

Éminée (Haute-Garonne), de 42,6 ares à 56,5.

Empan (Basses-Pyrénées), 0,232 mètre.

Escat (Gers), de 0,05 are à 0,40.

Essain (Aisne), 12,1 ares à 28,4.

Essein (Oise), 27,6 ares.

Euchenne (Bouches-du-Rhône), de 1 are à 1,2.

Fauchée de pré (Marne), de 28,4 ares à 56,3.

Faucheur (Hautes-Alpes), 30,4 ares.

Faux de pré (Aisne) 41,2 ares à 48,4.

Fessoirée (Ardèche), de 4,8 ares à 6,4.

Fossorée (Hautes-Alpes), 4,7 ares.

Garaval (Bouches-du-Rhône), 0,15 are.

Gaule (Morbihan), 2,599 mètres.

Hommée (Aisne), de 0,5 are à 6,3.

Huitelée (Nord), de 23,8 ares à 33,4.

Jallois (Aisne), de 15,4 ares à 61,3.

Jour (Ille-et-Vilaine), de 60,8 ares à 72,9.

Jour (Moselle), quarante valeurs, de 16,8 ares, à 61,3.

Journade (Landes), de 14,9 ares à 45,1.

Journal (Ain), de 16 ares à 34,3.

Journal (Vosges), de 10,5 ares à 42,2.

Journal du Meige (Aisne), 26,7 ares.

Journel (Marne), de 28,4 ares à 140,7.

Mancault (Oise), de 15,8 ares à 18,9.

Mareau (Vienne), 15,2 ares.

Mencaud (Aisne), de 12,1 ares à 17,2.

Mencaudée (Nord), 31 grandeurs différentes, de 22,7 ares à 39,1.

Mesure de terre (Ain), de 5,8 ares à 8,3.

Métanchée (Loire), 10,7 ares.

Métenchée (Ardèche), 7,5 ares.

Métérée (Loire), de 4,7 ares à 11,4.

Minée (Maine-et-Loire), 39,6 ares.

Mouée (Moselle), 4,4 ares.

Muid (le grand) (superficie) (Loiret, 675,3 ares.

Ouvrée de vigne (Ain), de 2,5 ares à 3,8.

Pan (Basses-Alpes), 0,25 mètre.

Panal (Bouches-du-Rhône), de 5,9 ares à 9,9.

Pas (Landes), 0,7 du mètre carré.

Perche ou verge linéaire dite de Saint-Médard (Aisne), 5,47 mètres.

Perche (Calvados), de 4,8 mètres à 7,8.

Perche (Cher), de 7,5 mètres à 7,8.

Pichet (Aisne), de 10,2 ares à 17,2.

Picotin (superficie) (Bouches-du-Rhône), de 0,6 ares à 1,1.

Pied marchand (Aisne) 0,3 mètre.

Pied (Marne), de 0,270 mètre à 0,316.

Pied (Bas-Rhin), de 0,289 mètre à 0,295.

Pognerée (Dordogne), de 10 ares à 23,7.

Pogneux (Aisne), 8,6 ares.

Poignardière (Bouches-du-Rhône), de 1,1 are à 1,4.

Pugnet (Aisne), de 6 ares à 7, 6.

Quartel (Aisne), 15,3 ares.

Quartenée (Vienne), 27,3 ares.

Quarterée (Bouches-du-Rhône), de 20,5 ares à 23,7.

Quartier (Aisne), 8,6 ares,

Quartier (Charente-Inférieure), de 67,5 ares à 102,1.

Raie (Côtes-du-Nord), 0,4 are.

Rand (Hautes-Alpes), 1,92 mètre.

Rasière (Nord), de 27,9 ares à 45,2.

Sadon (Gironde), 7,9 ares.

Salmée (Gard), 22 grandeurs différentes, de 66,9 ares à 89,3.

Salmée (Bouches-du-Rhône), de 63,4 ares à 70,8.

Septerée (Allier), 51,1 ares.

Septier (Aisne), de 2,6 ares à 37,9.

Setyve (Ain), de 19,9 ares à 49,2.

Sexterée (Dordogne), de 25,5 ares à 182,6.

Sillon (Ille-et-Vilaine), 2,4 ares.

On aurait alongé beaucoup cette table, en y faisant entrer les mesures de capacité, qui étaient aussi très-discordantes. Il ne faut pas croire non plus que la livre de poids fût uniforme : à la vérité, elle présentait bien moins de variété que les mesures agraires ; mais elle avait encore diverses valeurs suivant les lieux et l'espèce de marchandise, ainsi que le montre la table suivante, où les valeurs sont exprimées en fractions décimales du kilogramme, d'après la *Métrologie terrestre* de M. Louis Pouchet.

	kilogr.
Avignon, 1 livre de poids valait. . . .	0,409
Bourges.	0,463
Douay. · · ·	0,428
Dunkerque.	0,421
Lille, *poids pesant.*	0,461
—— *poids léger.*	0,427
Lyon, *pour les grosses marchandises.*	0,422
—— *pour la soie.* . . . . , . , . .	0,457
Marseille.	0,400

N. B. On appelle *charge*, dans cette ville, un poids de 300 livres, valant 245 livres poids de marc, environ 120 kilogrammes.

Mayenne.	0,550

Montpellier. 0,400
Paris, *la livre poids de marc.* 0,489
—— *pour la soie.* 0,459
Rouen, *poids de vicomté.* 0,509
Strasbourg. 0,480

———

Obs. D'après ce qui précède , il est impossible de ne pas voir la confusion qui peut résulter de l'application des anciens noms, *perche, arpent, livre,* aux nouvelles mesures , puisque la signification de ces mots a varié de tant de manières , et que, par conséquent, il est à propos de bien conserver la nomenclature méthodique indiquée plus haut (page 80), qui ne saurait donner lieu à aucune équivoque , et dont les mots ne sont pas plus difficiles à retenir et à prononcer que beaucoup d'autres faisant partie de la langue vulgaire.

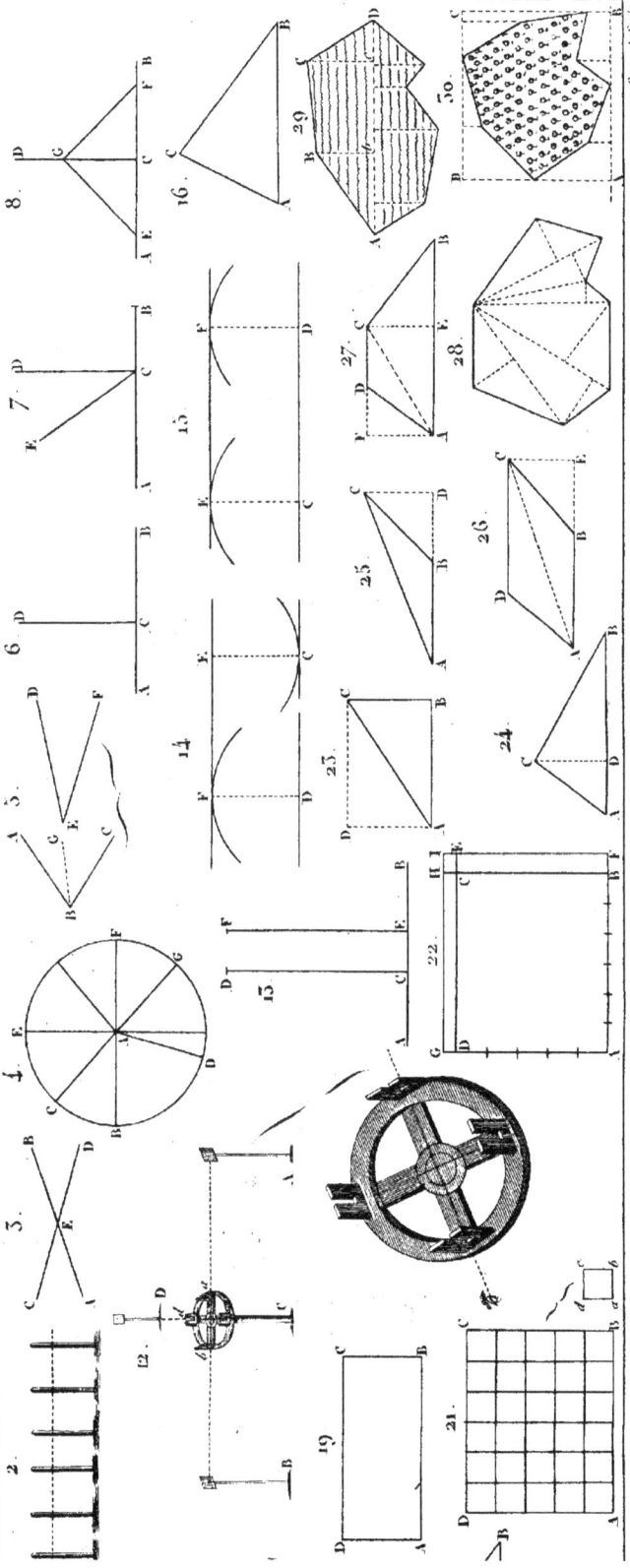

56.

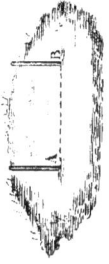

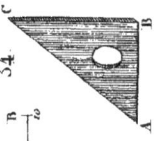

33.

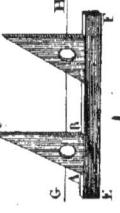

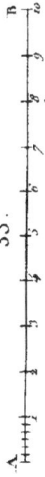

52.

38.

39.

34.

35.

41.

42.

45.

40.

36.

43.

48.

49.

47.

46.

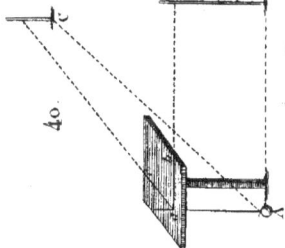
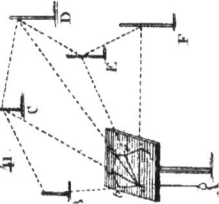
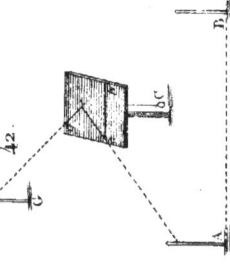
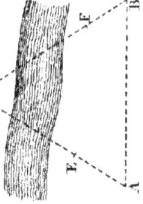
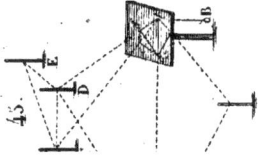
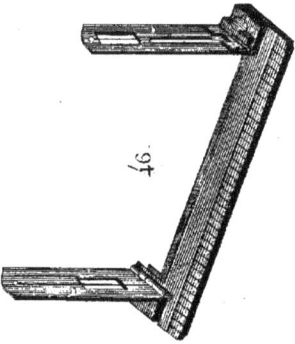
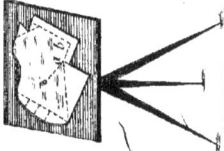
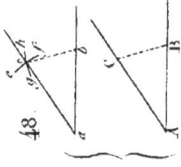

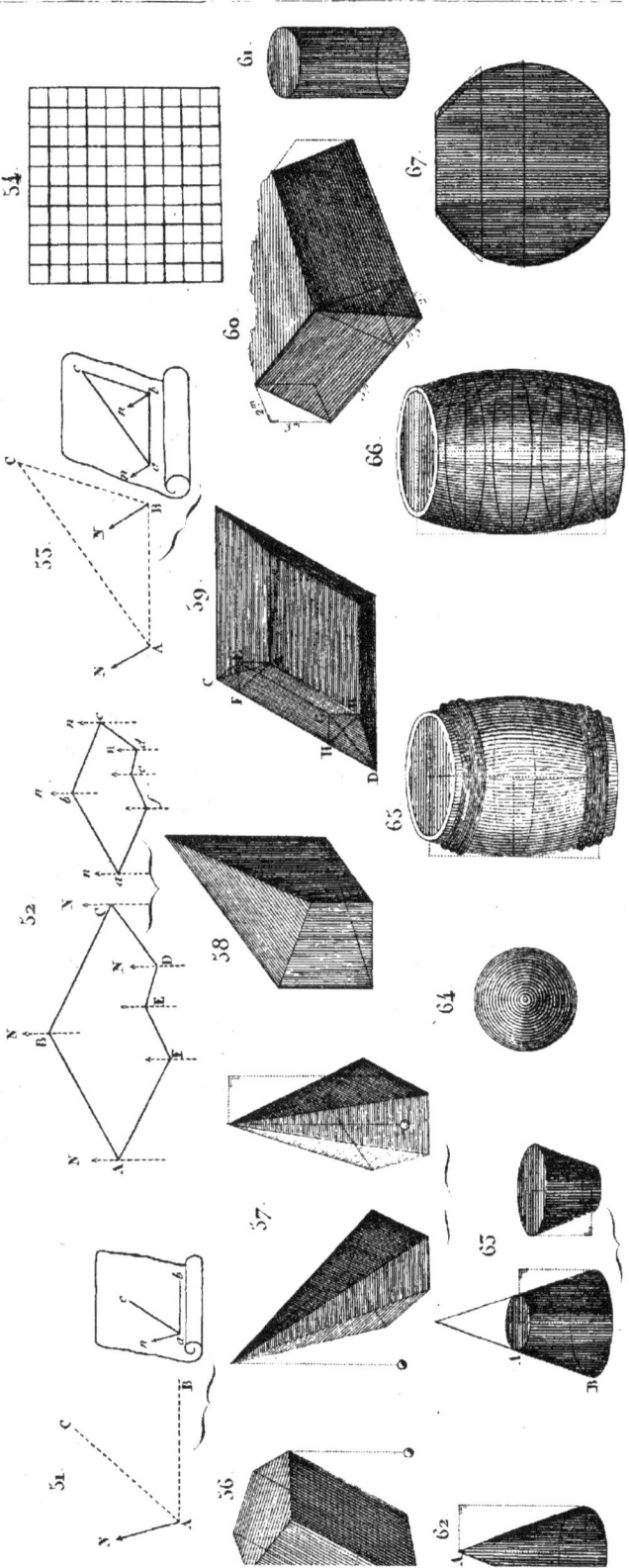

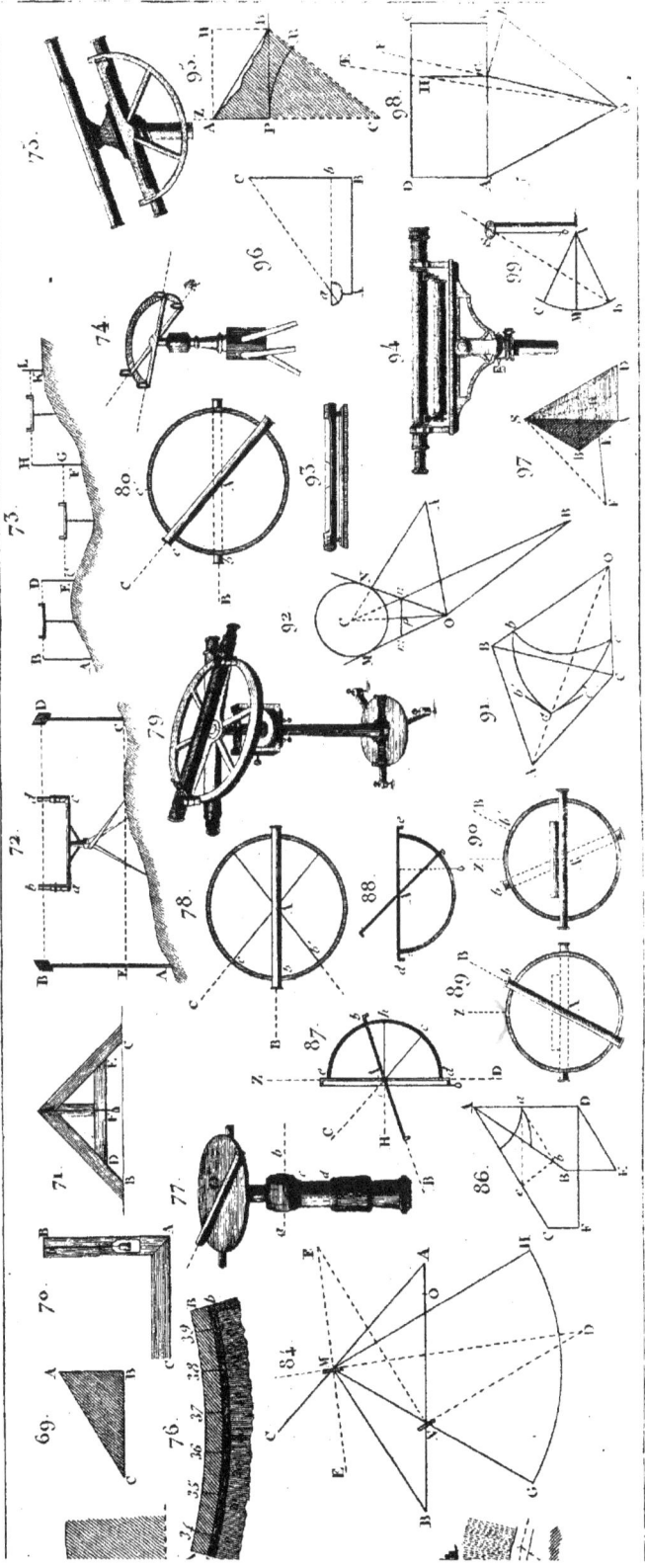

VIIe. TABLE. *Mesures anglaises.*

Ces mesures étant souvent employées dans les relations de voyages et dans les écrits sur l'agriculture, j'ai cru devoir en donner les rapports avec les nôtres :

Pied anglais. . . . . 0,305 mèt.
Verge contenant 3 pieds. . . . . 0,914 mèt.
Double verge, ou *fathom*. . . . 1,829 mèt.
Mille, contenant 880 fathoms,
    et d'environ 69 au degré. . . 1609,3 mèt.
Acre, mesure de superficie. . . 40,47 ares.

Mesures de capacité.

Gallon. . . . . 4,543 litres.
Bushell, contenant 8 gallons. 36,348 litres.

Poids.

Livre troy. . . . . 373 grammes.
Livre aver du poise. . . . 453,3 grammes.

N. B. Cette expression est de l'ancien normand.

Obs. Un statut, que le parlement a rendu en 1824, fixe le rapport des étalons de ces mesures avec la longueur du pendule à secondes et le poids d'un pouce cube d'eau, mais laisse les subdivisions telles qu'elles étaient. (*Voyez* un article de M. Francœur, dans le *Nouveau Bulletin des Sciences*, *par la Société Philomatique de Paris*. 1825, page 129.)

S'arrêter là, c'est, à ce qu'il me semble (p. 86), donner la préférence à l'objet le moins utile ; car les mesures anglaises ont aussi des divisions fort bizarres. Par exemple, l'acre, contenant 4840 verges carrées, n'est pas un carré exact, et la *livre troy* est composée de 5760 grains, dont 7000 forment la *livre aver du poise*, qui est divisée en 16 onces.

On peut ajouter encore que, sous le rapport de la déduction des mesures, le système français a l'avantage sur le système anglais. La longueur du quart du méridien ne porte point un caractère local comme celle du pendule, qui varie selon les lieux. De plus, cette dernière, n'étant point un sous-multiple exact de la première, n'enchaîne pas, comme le fait celle-ci, par des rapports simples, les mesures de longueur, les mesures itinéraires et les mesures géographiques.

VIIIᵉ. TABLE *pour réduire les mètres, décimètres, centimètres et millimètres, en pieds, pouces et lignes.*

mètr.	pieds.	pouc.	lignes.	mètres.	pieds.	pouc.	lign.
1	3.	0.	11,296	100	307.	10.	1,6
2	6.	1.	10,593	200	615.	8.	3,2
3	9.	2.	9,888	300	923.	6.	4,8
4	12.	3.	9,184	400	1231.	4.	6,4
5	15.	4.	8,480	500	1539.	2.	8,0
6	18.	5.	7,776	600	1847.	0.	9,6
7	21.	6.	7,072	700	2154.	10.	11,2
8	24.	7.	6,368	800	2462.	9.	0,8
9	27.	8.	5,664	900	2770.	7.	2,4
10	30.	9.	4,960	1000	3078.	5.	4,0
20	61.	6.	9,92	2000	6156.	10.	8
30	92.	4.	2,88	3000	9235.	4.	0
40	123.	1.	7,84	4000	12313.	9.	4
50	153.	11.	0,80	5000	15392.	2.	8
60	184.	8.	5,76	6000	18470.	8.	0
70	215.	5.	10,72	7000	21549.	1.	4
80	246.	3.	3,68	8000	24627.	6.	8
90	277.	0.	8,64	9000	27706.	0.	0
				10000	30784.	5.	4

déc.	pie.	pouc.	lig.	cent.	pouc.	lig.	mill.	lignes
1	0.	3.	8,3296	1	0.	4,4330	1	0,4433
2	0.	7.	4,6592	2	0.	8,8659	2	0,8866
3	0.	11.	0,9888	3	1.	1,2989	3	1,3299
4	1.	2.	9,3184	4	1.	5,7318	4	1,7732
5	1.	6.	5,6480	5	1.	10,1648	5	2,2165
6	1.	10.	1,9776	6	2.	2,5978	6	2,6598
7	2.	1.	10,3072	7	2.	7,0307	7	3,1031
8	2.	5.	6,6368	8	2.	11,4637	8	3,5464
9	2.	9.	2,9664	9	3.	3,8966	9	3,9897
10	3.	0.	11,2960	10	3.	8,3296	10	4,4330

IXe. TABLE *pour convertir les hectares en arpens.*

Arpens à 18 pieds la perche.		Arpens à 22 pieds la perche.	
hectares.	arpens.	hectares.	arpens.
1.	2,9249	1.	1,9580
2.	5,8499	2.	3,9160
3.	8,7748	3.	5,8741
4.	11,6998	4.	7,8321
5.	14,6247	5.	9,7901
6.	17,5497	6.	11,7481
7.	20,4746	7.	13,7061
8.	23,3995	8.	15,6642
9.	26,3245	9.	17,6222
10.	29,2494	10.	19,5802
100.	292,4944	100	195,8020
1000.	2924,9437	1000.	1958,0201

Xᵉ. TABLE *pour convertir les nouveaux poids en anciens.*

gram.	liv.	onc.	gr.	grains.	kilog.	liv.	onc.	gr.	grains.
1	0.	0.	0.	19	1	2.	0.	5.	35,15
2	0.	0.	0.	38	2	4.	1.	2.	70
3	0.	0.	0.	56	3	6.	2.	0.	33
4	0.	0.	1.	3	4	8.	2.	5.	69
5	0.	0.	1.	22	5	10.	3.	3.	32
6	0.	0.	1.	41	6	12.	4.	0.	67
7	0.	0.	1.	60	7	14	4.	6.	30
8	0.	0.	2.	7	8	16.	5.	3.	65
9	0.	0.	2.	25	9	18.	6.	1.	28
10	0.	0.	2.	44	10	20.	6.	6.	64
20	0.	0.	5.	17	20	40.	13.	5.	55
30	0.	0.	7.	61	30	61.	4.	4.	47
40	0.	1.	2.	33	40	81.	11.	3.	38
50	0.	1.	5.	5	50	102.	2.	2.	30
60	0.	1.	7.	50	60	121.	9.	1.	21
70	0.	2.	2.	22	70	143.	0.	0.	13
80	0.	2.	4.	66	80	163.	6.	7.	4
90	0.	2.	7.	38	90	183.	13.	5.	68
100	0.	3.	2.	11	100	204.	4.	4.	59
200	0.	6.	4.	21					
300	0.	9.	6.	32					
400	0.	13.	0.	43					
500	1.	0.	2.	53					
600	1.	3.	4.	64					
700	1.	6.	7.	3					
800	1.	10.	1.	13					
900	1.	13.	3.	24					
1000	2.	0.	5.	35					

Multipliez le prix du kilo-gramme par 0,4895, vous aurez celui de la livre.

Multipliez le prix de la livre par 2,0429, vous aurez celui du kilogramme.

COLLECTION DE MANUELS

FORMANT UNE

ENCYCLOPÉDIE

DES

Sciences et Arts,

FORMAT IN-18;

PAR UNE REUNION DE SAVANS ET DE PRATICIENS;

MM. AMOROS, ARSENNE, BIRET, BISTON, BOISDUVAL, BOITARD, BOSC, BOYARD, CAUEN, CHAUSSIER, CHORON, Paulin DÉSORMEAUX, JANVIER, JULIA-FONTENELLE, JULIEN, LACROIX, LANDRIN, LAUNAY, Sébastien LENORMAND, LESSON, LORIOL, MATTER, NOEL, RANG, RICHARD, RIFFAULT, SCRIBE, TARBÉ, TEEQUEM, THILLAYE, TOUSSAINT, TREMERY, VAUQUELIN, VERGNAUD, etc., etc.

Depuis que les Sciences exactes ont, par leur application à l'Agriculture et aux Arts, contribué si puissamment au développement de l'Industrie agricole et de l'Industrie manufacturière, leur étude est devenue un besoin pour toutes les classes de la société. Les Mathématiques, la Physique, la Chimie, sont des sciences qu'il n'est plus permis d'ignorer; aussi les traités de ce genre sont-ils aujourd'hui dans les mains des artisans et dans celles des gens du monde. Mais on a généralement reconnu que la cherté de ces sortes de livres est un grand empêchement à leur propagation, et que la rédaction n'a pas toujours la clarté et la simplicité nécessaires pour faire pénétrer promptement dans l'esprit les principes qu'ils exposent. C'est pour remédier à ces deux inconvéniens que nous avons entrepris de publier, sous le titre de *Manuels*, des Traités vraiment élémentaires, dont la réunion formera une Encyclopédie portative des Sciences et des Arts, dans laquelle les agriculteurs, les fabricans, les manufacturiers et les ouvriers en tout genre trouveront tout ce qui les concerne, et par là seront à même d'acquérir à peu de frais toutes les connaissances qu'ils doivent avoir pour exercer avec fruit leur profession.

Les professeurs, les élèves, les amateurs et les gens du monde pourront puiser des connaissances aussi solides qu'instructives.

Plusieurs de nos manuels sont arrivés en peu de temps à plusieurs éditions. un si grand succès est une preuve évidente de leur utilité : aussi sommes nous décidés à en continuer la publication avec toute la célérité possible La rédaction des volumes à faire paraître est fort avancée et nous croyons pouvoir promettre que cette intéressante Collection sera terminée avant peu.

La meilleure preuve que nous puissions donner de l'utilité et de la bonté de cette Encyclopédie populaire, c'est le succès prodigieux des divers Traités parus.

Cette entreprise étant toute philantropique, les personnes qui auraient quelque chose à faire parvenir, dans l'intérêt des sciences et des arts, sont priées de l'envoyer *franco* à M. le *Directeur de l'Encyclopédie* in-18, chez *Roret*, libraire, rue Hautefeuille, n. 10 *bis*, au coin de la rue du Battoir, à Paris.

Tous les Traités se vendent séparément. Un grand nombre est en vente ; les autres paraîtront successivement. Pour les recevoir franc de port, on ajoute a 50 centimes par volume in-18.

LIBRAIRIE ENCYCLOPÉDIQUE

DE RORET,

RUE HAUTEFEUILLE, N° 10 *bis*, AU COIN DE LA RUE DU BATTOIR.

N. B. *Comme il existe à Paris deux libraires du nom de* RORET, *l'on est prié de bien indiquer l'adresse.*

MANUEL D'ALGÈBRE, ou Exposition élémentaire des principes de cette science à l'usage des personnes privées des secours d'un maître, par M. TER-OCEM, docteur ès-sciences, officier de l'Université, professeur aux Ecoles royales, etc. *Deuxième édition.* Un gros volume. 4 fr. 50 c.

— **DE L'AMIDONNIER ET DU VERMICELLIER**, auquel on a joint tout ce qui est relatif à la fabrication des produits obtenus avec la pomme de terre, les marrons d'Inde, les châtaignes, et toutes les autres plantes connues pour contenir quelque substance amilacée ou féculente; par M. MORIN. Un vol. orné de figures. 3 fr.

— **D'ARCHITECTURE**, ou Traité général de l'art de bâtir; par M. TOU-SAINT, architecte. *Seconde édition.* Deux gros volumes ornés d'un grand nombre de planches. 7 fr.

— **DE L'ARMURIER, DU FOURBISSEUR ET DE L'ARQUEBUSIER** ou Traité complet et simplifié de ces arts; par M. PAULIN DÉSORMEAUX. Un vol. orné de planches. 3 f.

— **D'ARPENTAGE**, ou Instruction sur cet art et sur celui de lever les plans: par M. LACROIX, membre de l'Institut. *Cinquième édition.* Un vol. orné de planches. 3 fr. 50 c.

— **SUPPLÉMENTAIRE D'ARPENTAGE**, ou Recueil d'exemples pratiques pour les différentes opérations d'arpentage et de levé des plans; par MM. HOCANT père et fils. Un vol. orné de *Modèles de topographie* et de beaucoup de figures.

— **D'ARITHMÉTIQUE DÉMONTRÉE**, à l'usage des jeunes gens qui se destinent au commerce, et de tous ceux qui désirent se bien pénétrer de cette science: par M. COLLIN, et revu par M. R.... ancien élève de l'Ecole Polytechnique. Un vol. *Neuvième édition.* 3 fr. 50 c.

— **COMPLÉMENTAIRE D'ARITHMÉTIQUE**, ou Recueil de problème et de solutions, par M. TERRET, professeur. Un vol.

— **DE L'ARTIFICIER**, ou l'Art de faire toutes sortes de feux d'artifice à peu de frais, et d'après les meilleurs procédés, contenant les Elémens de la Pyrotechnie civile et militaire, leur application pratique à tous les artifices connus jusqu'à ce jour, et à de nouvelles combinaisons fulminantes; par M. VERGNAUD, capitaine d'artillerie. *Deuxième édition.* Un vol. orné de pl. 3 f.

— **D'ASTRONOMIE**, ou Traité élémentaire de cette science, d'après l'état actuel de nos connaissances, contenant l'Exposé complet du système du monde, basé sur les travaux les plus récens et les résultats qui dérivent de recherches de M. Pouillet sur la température du soleil, et de celles de M. Arago sur la densité de la partie extérieure de cet astre, par M. BAILLY, membre de plusieurs sociétés savantes, *Troisième édition.* Un vol. orné de pl. 4 fr. 50

MANUEL DE L'ACCORDEUR, ou l'Art d'accorder le Piano, mis à la portée de tout le monde; par M. Giorgio di Roma. 1 fr. 25 c.

— **DU BANQUIER, DE L'AGENT DE CHANGE ET DU COURTIER**, contenant les lois et réglemens qui s'y rapportent, les diverses opérations de change, courtage et négociation des effets à la Bourse; par M. Peuchet. Un vol. 2 fr. 50 c.

— **DU BIJOUTIER, DU JOAILLIER ET DE L'ORFÈVRE**, ou Traité complet et simplifié de ces arts; par M. Julia de Fontanelle. Deux vol. ornés de pl. 7 fr.

MANUEL DU BONNETIER ET DU FABRICANT DE BAS, ou Traité complet et simplifié de ces arts; par MM. V. Leblanc et Préaux-Caltot. Un vol. orné de pl. 3 fr.

— **DE BOTANIQUE**, contenant les principes élémentaires de cette science, la Glossologie, l'Organographie et la Physiologie végétale, la Phytothérosie, l'Analyse de tous les systèmes, tant naturels qu'artificiels, faits sur la distribution des plantes, depuis Aristote jusqu'à ce jour, et le développement du système des familles naturelles; par M. Boitard. Troisième édition. Un vol. orné de planches. 3 fr. 50 c.

— **DE BOTANIQUE**, deuxième partie. **FLORE FRANÇAISE**, ou Description synoptique de toutes les plantes phanérogames et cryptogames qui croissent naturellement sur le sol français, avec les caractères des genres des agames et l'indication des principales espèces; par M. Boisduval. Trois gros 10 fr 50 c.

ATLAS DE BOTANIQUE, composé de 120 planches, représentant la plupart des planches décrites dans les ouvrages ci-dessus

Figures noires, 18 fr. Figures coloriées, 36 fr.

MANUEL DU BOTTIER ET DU CORDONNIER, ou Traité complet de ces arts, par M. Morin. Un vol. orné de pl. 3 fr.

— **DE BIOGRAPHIE**, ou Dictionnaire historique abrégé des grands hommes; par M. Jacquelin et par M. Noël, inspecteur général des études. Deux vol. Deuxième édition. 6 fr.

— **DU BOULANGER, DU NÉGOCIANT EN GRAINS, DU MEUNIER ET DU CONSTRUCTEUR DE MOULINS**. Troisième édition, entièrement refondue, par MM. Julia Fontenelle et Benoist. 2 gros vol. ornés de pl. 5 fr.

— **DU BOURRELIER ET DU SELLIER**, contenant la description de tout les procédés usuels, perfectionnés ou nouvellement inventés, pour garnir toutes sortes de voitures, et préparer les attelages; par M. Lebrun. Un vol. orné de fig. 3 fr.

— **COMPLET DU BLANCHIMENT ET DU BLANCHISSAGE, NETTOYAGE ET DÉGRAISSAGE DES FILS ET ÉTOFFES DE CHANVRE, LIN, COTON, LAINE, SOIE**, ainsi que de la Cire, des Éponges, de la Laque, du Papier, de la Paille, etc., offrant l'Exposé de toutes les découvertes, perfectionnemens et pratiques nouvelles dont les arts se sont enrichis, tant en France que dans l'étranger; par M. Julia de Fontenelle. Deux vol. ornés de pl. 5 fr.

— **DU BRASSEUR**, ou l'Art de faire toutes sortes de bières, contenant tous les procédés de cet art; traduit de l'anglais de Accum, par M. Riffault. Deuxième édition, revue, corrigée et augmentée. Un vol. 1 fr. 60 c.

— **DE CALLIGRAPHIE**, méthode complète de Carstairs, dite Américaine, ou l'Art d'écrire en peu de leçons, par des moyens prompts et faciles; traduit de l'anglais par M. Tasmery, accompagné d'un Atlas renfermant un grand nombre de modèles mis en français. Nouvelle édition. 3 fr.

— **DU CARTONNIER, DU CARTIER ET DU FABRICANT DE CARTONNAGE**, ou l'Art de faire toutes sortes de cartons, de cartonnages et de cartes à jouer, contenant les meilleurs procédés pour gauffrer, colorier, vernir, dorer, couvrir en paille, en soie, etc., les ouvrages en carton; par M. Lebrun, membre de plusieurs sociétés savantes. Un vol. orné d'un grand nombre de fig. 3 fr.

— **DU CHARPENTIER**, ou Traité complet et simplifié de cet art; par

M. Hanus et Biston (Valentin). *Troisième édition*. Un vol. orné de 12 planches.
3 fr. 50 c.

MANUEL DU CHAMOISEUR, MAROQUINIER, PEAUSSIER ET PARCHEMINIER, contenant les procédés les plus nouveaux, toutes les découvertes faites jusqu'à ce jour, et toutes les connaissances nécessaires à ceux qui veulent pratiquer ces arts; par M. Dessables. Un vol. orné de pl. 3 fr.

— **DU CHANDELIER ET DU CIRIER**, suivi de l'Art du fabricant de cire à cacheter; par M. Sébastien Lenormand, professeur de technologie, etc. Un gros vol. orné de pl. 5 fr.

— **DU CHARCUTIER**, ou l'Art de préparer et de conserver les différentes parties du cochon, d'après les plus nouveaux procédés, précédé de l'art d'élever les porcs, de les engraisser et de les guérir; par une réunion de Charcutiers, et rédigé par madame Celnard. Un vol. 2 fr. 50 c.

— **DU CHASSEUR**, contenant un Traité sur toutes les chasses; un vocabulaire des termes de vénerie, de fauconnerie et de chasse; les lois, ordonnances de police, etc., sur le port d'armes, la chasse, la pêche, la louveterie. *Cinquième édition*. Un vol. avec fig et musique. 3 fr

— **DU CHAUFOURNIER**, contenant l'art de calciner la pierre à chaux et à plâtre, de composer toutes sortes de mortiers ordinaires et hydrauliques, cimens, pouzzolanes artificielles, bétons, mastics, briques crues, pierres et stucs, ou marbres factices propres aux constructions; par M. Biston. Un gros vol. 3 fr.

— **DE CHIMIE**, ou Précis élémentaire de cette science, dans l'état actuel de nos connaissances; *Quatrième édition*, revue, corrigée, et très augmentée, par M. Vergnaud. Un gros vol. orné de fig. 3 fr. 50 c.

— **DE CHIMIE AMUSANTE**, ou nouvelles Récréations chimiques, contenant une suite d'expériences curieuses et instructives en chimie, d'une exécution facile, et ne présentant aucun danger; par Frédéric Accum, suivi de notes intéressantes sur la Physique, la Chimie, la Minéralogie, etc. par Samuel Parkes. *Quatrième édition*, revue par M. Vergnaud. Un vol. orné de fig. 5 fr

— **DU COLORISTE**, ou Instruction complète et élémentaire pour l'enluminure, le lavis et la retouche des gravures, images, lithographies, planches d'histoire naturelle, cartes géographiques et plans topographiques, contenant la description des instrumens et ustensiles propres au Coloriste, la composition, les qualités, le mélange, l'emploi des couleurs, et les différens travaux d'enluminure; par M. A.-M. Perrot, revu et augmenté par M. E. Blanchard, peintre d'histoire naturelle, un vol. orné de pl. 2 fr. 50 c.

ART DE SE COIFFER SOI-MÊME, enseigné aux dames, suivi du Manuel du Coiffeur, précédé de préceptes sur l'entretien, la beauté et la conservation de la chevelure, etc., etc.; par M. Villaret. Un joli vol. 2 fr. 50 c.

MANUEL DE LA BONNE COMPAGNIE, ou Guide de la politesse des égards, du bon ton et de la bien-séance. *Septième édition*. Un vol. 2 fr. 50 c.

— **DU CHARRON ET DU CARROSSIER**, ou l'Art de fabriquer toutes sortes de voitures; par M. Nosban. Deux vol. ornés de pl. 6 fr.

— **DU CONSTRUCTEUR DES MACHINES A VAPEUR**, par M. Janvier, officier au corps royal de la marine. Un vol. orné de pl. 2 fr. 50 c.

— **DU CONSTRUCTEUR DES CHEMINS DE FER**, ou essai sur les principes généraux de l'art de construire les chemins de fer par M. Ed. Biot. un vol. 3 fr.

— **POUR LA CONSTRUCTION ET LE DESSIN DES CARTES GÉOGRAPHIQUES**, contenant des considérations générales sur l'étude de la géographie, l'usage des cartes et les principes de leur rédaction, le tracé linéaire des projections, les instrumens qui servent aux différentes opérations, et la manière de dessiner toutes espèces de cartes; par A.-M. Perrot; ouvrage orné d'un grand nombre de pl. Un vol. 5 fr.

MANUEL PRATIQUE DES CONTRE-POISONS, ou Traitement des individus empoisonnés, asphyxiés, noyes ou mordus par des animaux enragés et des serpens, ou piqués par des insectes venimeux, suivi des moyens à employer dans les cas de mort apparente, par M. le doct. CRAISSIER. Un vol. orné de fig. 2 fr. 50 c.

— **DES CONTRIBUTIONS DIRECTES**, à l'usage des contribuables, des receveurs, des employés des contributions et du cadastre, suivi du mode des réclamations, et la marche à suivre pour obtenir une juste et prompte décision, etc. : par M. DELONCLE, ex contrôleur Un vol. 1 fr. 50 c.

— **DU COUTELIER**, ou Traité théorique et pratique de l'art de faire tous les ouvrages de coutellerie; par M. Landrin, Un gros vol. orné de planches. 3 fr. 50 c.

— **DE L'HISTOIRE NATURELLE DES CRUSTACÉS**, contenant leur description et leurs mœurs, avec figures dessinées d'après nature par feu M. Bosc, de l'Institut; édition mise au niveau des connaissances actuelles, par M. DESMARETS, correspondant de l'Académie royale des Sciences. Deux vol. 6 f.

— **DU CUISINIER ET DE LA CUISINIÈRE**, à l'usage de la ville et de la campagne, contenant toutes les recettes les plus simples pour faire bonne chère avec économie; ainsi que les meilleurs procédés pour la pâtisserie et l'office, précédé d'un Traité sur la dissection des viandes, suivi de la manière de conserver les substances alimentaires, et d'un traité sur les vins; par M. CARDELLI, ancien chef d'office. Dixième édition. Un gros vol. orné de 2 fr. 50 c.

— **DU CULTIVATEUR-FORESTIER**, contenant l'art de cultiver en forêts tous les arbres indigènes et exotiques, propres à l'aménagement des bois, l'explication des termes techniques employés dans le langage forestier et en botanique dendrologique; un extrait des lois concernant les propriétés particulières soumises au régime forestier et les fonctions des gardes; enfin une Flore dendrologique de la France; par M. BOITARD, membre de plusieurs sociétés savantes nationales et étrangères. Deux vol. 5 fr.

— **DU CULTIVATEUR FRANÇAIS**, ou l'art de bien cultiver les terres, de soigner les bestiaux et de retirer des unes et des autres le plus de bénéfices possible; par M. THIEBAUT DE BERNAUD. Deux vol. 5 fr.

— **DE LA CORRESPONDANCE COMMERCIALE**, contenant : un Dictionnaire des termes du Commerce des modèles et des formules épistolaires et de comptabilité, pour tous les cas qui se présentent dans les opérations commerciales, avec des notions générales et particulières sur leur emploi; par M. C. F. BERES LESTIENNE. Deuxième édition revue, corrigée et augmentée d'un nouveau mode pour dresser les comptes d'intérêts, de plus, d'un traité sur les lettres de change, billets et autres effets de commerce, ainsi que de toutes les formules qui y sont relatives, etc. Un vol. 2 fr. 50 c.

— **DES DAMES**, ou l'Art de l'Elegance; par mad. CELNART. Deuxième édition. Un vol. orné de fig. 3 fr.

— **DE LA DANSE**, comprenant la théorie, la pratique et l'histoire de cet art, depuis les temps les plus reculés jusqu'à nos jours; à l'usage des amateurs et des professeurs, par M. BLASIS; traduit de l'anglais par M. P. VERGNAUD, et revu par M. GARDEL. Un gros vol. orné de planches et musique. 3 fr. 50 c.

— **DES DEMOISELLES**, ou Arts et Métiers qui leur conviennent, tels que la couture, la broderie, le tricot, la dentelle, la tapisserie, les bourses, les ouvrages en filets, en chenille, en gaze, en perles, en cheveux, etc., etc.; enfin tous les arts dont les demoiselles peuvent s'occuper avec agrément; par mad. ELISABETH CELNART. Quatrième édition. Un vol. orné de planches. 3 fr.

— **DU DESSINATEUR**, ou Traité complet de cet art, contenant le dessin géométrique, le dessin d'après nature et le dessin topographique; par M. PARROT, etc. Troisième édit., augmentée par M. VERGNAUD. Un vol. orné de planches. 3 fr.

MANUEL DU DESSINATEUR ET DE L'IMPRIMEUR LITHOGRA-PHE, par M. Brégeaut, lithographe breveté. *Troisième édit.* Un vol. orné de lithographies.

— **DU DESTRUCTEUR DES ANIMAUX NUISIBLES**, ou l'Art de prendre et de détruire tous les animaux nuisibles à l'agriculture, au jardinage, à l'économie domestique, à la conservation des chasses, des étangs, etc., etc.; par M. Vérardi. *Deuxième édition.* Un vol. orné de pl.   3 fr.

— **DU DISTILLATEUR LIQUORISTE**, ou Traité de la distillation en général, suivi de l'Art de fabriquer des liqueurs à peu de frais et d'après les meilleurs procédés; par M. Lebaud. *Quatrième édit.* Un vol. 3 fr. 50 c.

— **DES DOMESTIQUES**, ou l'Art de former de bons serviteurs; savoir : maîtres-d'hôtels, cuisiniers, cuisinières, femmes et valets de chambre, frotteurs, portiers, bonnes d'enfans, cochers, etc. par madame Celnart. Un vol. 2 fr. 50 c.

— **D'ÉCONOMIE DOMESTIQUE**, contenant toutes les recettes les plus simples et les plus efficaces sur l'économie rurale et domestique, à l'usage de la ville et de la campagne : par mad. Celnart. *Deuxième édit.* Un vol. orné de figures.   2 fr. 50 c.

— **D'ÉCONOMIE POLITIQUE**, par M. J. Pautet. Un volume. 2 fr. 50 c.

— **DES ÉCOLES PRIMAIRES MOYENNES ET NORMALES**, ou Guide complet des instituteurs et des institutrices, contenant, 1° l'exposé des principes et des méthodes d'instruction et d'éducation populaire de tous les degrés; 2° des Catalogues pour la composition de bibliothèques populaires; 3° des Lois, Circulaires et Réglemens de l'autorité sur l'enseignement primaire; 4° des Plans pour la construction de maisons d'écoles, et la distribution des salles de classes : par un membre de l'Université, et revu par M. Matter, inspecteur général des études. Un vol. orné de planches.   2 fr. 50 c.

— **D'ENTOMOLOGIE**, ou Histoire naturelle des Insectes, contenant la synonymie et la description de la plus grande partie des espèces d'Europe et des espèces exotiques les plus remarquables; par M. Boitard. Deux gros vol.   7 fr.

ATLAS D'ENTOMOLOGIE, composé de 110 planches représentant les insectes décrits dans l'ouvrage ci-dessus.

Figures noires.,   17 fr.   Figures coloriées,   34 fr.

MANUEL D'ÉLECTRICITÉ ATMOSPHÉRIQUE, par M. Riffault. Un vol. orné de planches.   2 fr. 50 c.

— **D'ÉQUITATION**, à l'usage des deux sexes, contenant le manège civil et militaire ; le manège pour les dames, la conduite des voitures ; les soins et l'entretien du cheval en santé ; les soins à donner au cheval en voyage, les notions de médecine vétérinaire indispensables pour attendre les secours réguliers de l'art ; l'achat, le signalement et l'éducation des chevaux, orné de vingt-quatre jolies figures lithographiées par V. Adam. Par M. A. D. Vergnaud. Un vol.   3 fr.

— **DU STYLE ÉPISTOLAIRE**, ou Choix de lettres puisées dans nos meilleurs auteurs, précédé d'instructions sur l'Art épistolaire, et de notices biographiques; par M. Biscarrat, professeur. Un gros vol. *Deuxième édition.*   2 fr 50 c.

— **DE L'ESSAYEUR**, par M. Vauquelin; suivi de l'Instruction de M. Gay-Lussac sur l'essai des matières d'or et d'argent par la voie humide, et des dispositions du laboratoire de la monnaie de Paris, par M. Darcet : édition publiée par M. Vergnaud, ancien élève de l'École polytechnique. Un vol. orné de planch. 3 fr.

— **DU FABRICANT D'ÉTOFFES IMPRIMÉES ET DU FABRI-CANT DE PAPIERS PEINTS**, contenant les procédés les plus nouveaux pour imprimer les étoffes de coton, de lin, de laine et de soie, et pour colorer la surface de toutes sortes de papiers; par M. Sébastien Lenormand. Un vol. orné de pl.   3 fr.

— **DU FABRICANT D'INDIENNES**, renfermant les impressions des laines, des châles et des soies, précédé de la description botanique et chimique des matières colorantes. Ouvrage orné de planches, et destiné à faire suite au Manuel du fabricant d'étoffes imprimées et de papiers peints, par M. L.-J.-S. Thillaye, professeur de chimie appliquée aux arts et à la teinture. Un vol.　　3 fr. 50 c.

MANUEL DU FABRICANT DE DRAPS, ou Traité général de la fabrication des draps; par M. Bonnet. Un vol.　　3 f.

— DU FABRICANT ET DE L'ÉPURATEUR D'HUILE, suivi d'un Aperçu sur l'éclairage par le gaz; par M. Julia Fontenelle. Un vol. orné de pl.　　3 fr.

— DU FABRICANT DE CHAPEAUX EN TOUS GENRES, tels que feutres divers, schakos, chapeaux de soie, de coton, et autres étoffes filamenteuses; chapeaux de plumes, de cuir, de paille, de bois, d'osier, etc., et enrichi de tous les brevets d'invention; par MM. Clez et F., fabricans', Julia Fontenelle professeur de chimie. Un vol. orné de pl.　　3 fr.

— DU FABRICANT DE GANTS, considéré dans ses rapports avec la mégisserie, la chamoiserie et les diverses opérations qui s'y rattachent, par M. Vallat d'Artois, ancien fabricant. Un vol. orné de planch.　　3 fr. 50 c.

— DU FABRICANT DE PAPIERS, ou Traité complet de cet art; par M. Sébastien Lenormand. Deux vol. ornés d'un grand nombre de pl. 10 f. 50 c.

— DU FABRICANT DE PRODUITS CHIMIQUES, ou Formules et Procédés usuels relatifs aux matières que la chimie fournit aux arts industriels à la medecine et à la pharmacie, renfermant la description des opérations et des principaux ustensiles en usage dans les laboratoires; par M. Thillaye, professeur de chimie, chef des travaux chimiques de l'ancienne fabrique de M. Vauquelin. Deux vol. ornés de pl.　　7 fr.

— DU FABRICANT ET DU RAFFINEUR DU SUCRE, ou Essai sur les différens moyens d'extraire le sucre et de le raffiner; par MM. Blacorive et Zoega. Seconde édition, revue par M. Julia Fontenelle. Un vol. orné de pl.　　3 fr. 50 c.

— THÉORIQUE ET PRATIQUE DU FABRICANT DE CIDRE ET DE POIRÉ, avec les moyens d'imiter avec le suc des pommes ou des poires, le vin de raisin, l'eau-de-vie et le vinaigre de vin; suivi de l'art de faire les vins de fruits et les vins de liqueurs artificiels, de composer des aromes ou bouquets des vins, et de faire avec les raisins de tous les vignobles, soit les vins de Basse-Bourgogne, du Cher, de Touraine, de Saint-Gilles, de Roussillon, de Bordeaux et autres. Ouvrage indispensable aux marchands de vins, fabricans de cidre, cultivateurs, et aux amis de l'économie domestique, avec figures, par M. L.-F. Dubief. Un vol.　　2 fr. 50 c.

— DU FERBLANTIER ET DU LAMPISTE, ou l'Art de confectionner en ferblanc tous les ustensiles possibles, l'étamage, le travail du zinc, l'art de fabriquer les lampes d'après tous les systèmes anciens et nouveaux; orné d'un grand nombre de figures et de modèles pris dans les meilleurs ateliers; par M. Leroux. Un vol. in-18.　　3 fr.

— DU FLEURISTE ARTIFICIEL, ou l'Art d'imiter d'après nature toute espèce de fleurs, en papier, batiste, mousseline et autres étoffes de coton; en gaze, taffetas, satin, velours; de faire des fleurs en or, argent, chenille, plumes, paille, baleine, cire, coquillages, les autres fleurs de fantaisie; les fruits artificiels; et contenant tout ce qui est relatif au commerce des fleurs; suivi de l'art du Plumassier, par madame Celnart. Un vol. de fig.　　2 fr. 50 c.

— DU FONDEUR SUR TOUS MÉTAUX, ou Traité de toutes les opérations de la fonderie, contenant tout ce qui a rapport à la fonte et au moulage du cuivre, à la fabrication des pompes à incendie et des machines hydrauliques, etc., etc.; par M. Launay, fondeur de la colonne de la place Vendôme, etc. Deux vol. ornés d'un grand nombre de pl.　　7 fr.

— THÉORIQUE ET PRATIQUE DU MAITRE DE FORGES, ou l'Art de travailler le fer; par M. Landrin, ingénieur civil. Deux vol. ornés de pl.　　6 fr.

MANUEL-FORMULAIRE DE TOUS LES ACTES SOUS SIGNATURES PRIVÉES, par M. Biret, jurisconsulte. Un vol.　　2 fr. 50 c.

MANUEL DES GARDES CHAMPÊTRES, FORESTIERS, GARDES PÊCHES, contenant l'exposé méthodique des lois, etc.; sur leurs attributions fonctions, droits et devoirs, avec les formules et modèles des rapports et des procès-verbaux; par M. BOYARD. *Nouvelle édition.* Un vol.   2 fr. 50 c.

— **DES GARDES MALADES,** et des personnes qui veulent se soigner elles mêmes; ou l'Ami de la santé, contenant un exposé clair et précis des soins à donner aux malades de tout genre; par M. MORIN, docteur en médecine. Un vol. *Troisième édition.*   fr. 50 c.

— **DES GARDES NATIONAUX DE FRANCE,** contenant l'école du soldat et de peloton, d'après l'ordonnance du 4 mars 1831, l'entretien des armes, etc., précédé de la nouvelle loi de 1831 sur la garde nationale l'état-major, le modèle du drapeau, l'ordre du jour sur l'uniforme en général, et celui pour les communes rurales : adopté par le général en chef; par M. R. L. *Trente-deuxième édition*, ornée d'un grand nombre de figures représentant les divers uniformes de la gard nationale, et toutes celles nécessaires pour l'exercice et les manœuvres. Un gros vol. in 18, 1 fr. 25 c., et 1 fr. 75 c. par la poste. L'on ajoutera 50 c. pour recevoir le même ouvrage avec tous les uniformes coloriés.

— **GÉOGRAPHIQUE,** ou le nouveau Géographe-manuel, contenant la description statistique et historique de toutes les parties du monde; la Concordance des calendriers, une Notice sur les lettres de change, bons au porteur, billets à ordre, etc.; le Système métrique, la Concordance des mesures anciennes et nouvelles; les Changes et Monnaies étrangères évaluées en francs et centimes; par ALEXANDRE DEVILLIERS. Un gros vol. orné de pl. *Quatrième édition.*   3 fr. 50 c.

— **DE GÉOGRAPHIE PHYSIQUE, HISTORIQUE ET TOPOGRAPHIQUE DE LA FRANCE,** divisée par Bassins; par M. V. A. LORIOL, chef d'institution, membre de la société de géographie. *Deuxième édition,* revue; corrigée et considérablement augmentée. Un vol.   2 fr. 50 c.

— **DE GÉOMÉTRIE,** ou Exposition élémentaire des principes de cette science, comprenant les deux trigonométries, la théorie des projections, et les principales propriétés des lignes et surfaces du second degré, à l'usage des personnes privées des secours d'un maître; par M. TERQUEM. *Deuxième édition* Un gros vol. orné de pl.   3 fr. 50 c.

— **DE GYMNASTIQUE,** par M. le colonel AMOROS. Deux gros vol et Atlas composé de 50 pl.   10 fr. 50 c.

— **DU GRAVEUR,** ou Traité complet de l'Art de la gravure en tous genres, d'après les renseignemens fournis par plusieurs artistes, et rédigé par M. PERROT. Un vol.   3 fr.

— **DES HABITANS DE LA CAMPAGNE ET DE LA BONNE FERMIÈRE,** ou Guide pratique des travaux à faire à la campagne; par mesdames GACON-DUFOUR et CELNART. *Deuxième édition.* Un vol.   2 fr. 50 c.

— **DE L'HERBORISTE, DE L'ÉPICIER-DROGUISTE ET DU GRAINIER PÉPINIÉRISTE,** contenant la description des végétaux, les lieux de leur naissance, leur analyse chimique et leurs propriétés médicales; par MM. JULIA FONTENELLE et TOLLARD. Deux gros vol.   7 fr.

— **D'HISTOIRE NATURELLE,** comprenant les trois règnes de la Nature, ou *Genera* complet des animaux, des végétaux et des minéraux; par M. BOITARD. Deux gros vol.   7 fr.

Atlas des différentes parties de l'Histoire naturelle, et qui se vendent séparément.

ATLAS POUR LA BOTANIQUE, composé de 120 pl., fig. noires. 18 fr. Fig. coloriées.   36 fr.

— **POUR LES MOLLUSQUES,** représentant les mollusques nus et les coquilles, 51 pl., fig. noires, 7 fr. Fig. coloriées.   14 fr.

— **POUR LES CRUSTACÉS,** 18 pl., fig. noires, 3 fr. Fig. coloriées. 6 fr.

TLAS POUR LES INSECTES, 110 pl., fig. noires, 17 fr. Fig. coloriées. 34 fr.

· POUR LES MAMMIFÈRES, 80 pl., fig. noires, 12 fr. Fig. coloriées, 24 fr.

— POUR LES MINÉRAUX, 40 pl., fig. noires, 6 fr. Fig. coloriées. 12 fr.

— POUR LES OISEAUX, 129 pl., fig. noires, 20 fr. Fig. coloriées. 40 fr.

— POUR LES POISSONS, 155 pl., fig. noires, 24 fr. Fig. coloriées. 48 fr.

— POUR LES REPTILES, 54 pl., fig. noires, 9 fr. Fig. coloriées. 18 fr.

POUR LES ZOOPHYTES, représentant la plupart des vers et des animaux plantes, 25 pl., fig. noires, 6 fr. Fig. coloriées. 12 fr.

MANUEL DE L'HORLOGER ou Guide des ouvriers qui s'occupent de la construction des machines propres à mesurer le temps; par M. Sébastien Lenormand. Un gros vol. orné de pl. 3 fr. 50 c.

— D'HYGIÈNE, ou l'Art de conserver sa santé; par M. Morin, docteur médecin. Un vol. 3 fr.

— DU JARDINIER, ou l'Art de cultiver et de composer toutes sortes de jardins : ouvrage divisé en deux parties : la première contient la culture des jardins potagers et fruitiers ; la seconde, la culture des fleurs, et tout ce qui a rapport aux jardins d'agrément; dédié à M. Thouin, ex-professeur de culture au Muséum d'histoire naturelle, membre de l'Institut, etc.; par M. Bailly, son élève. Sixième édition, revue, corrigée et considérablement augmentée. Deux gros vol. ornés de pl. 5 fr.

MANUEL DU JARDINIER DES PRIMEURS, ou l'Art de forcer la nature à donner ses productions en tout temps; par MM. Noisette et Boitard. Un vol. orné de pl. 3 fr.

— DE L'ARCHITECTE DES JARDINS, ou l'Art de les composer et de les décorer; par M. Boitard, ouvrage orné de 120 pl. gravées sur acier. 15 fr.

— DU JAUGEAGE ET DES DÉBITANS DE BOISSONS, contenant les tarifs très simplifiés en anciennes et nouvelles mesures, relatifs à l'art de jauger; toutes les lois, ordonnances, réglemens sur les boissons, etc., etc., par M. Lannes, membre de la Légion-d'Honneur, et par M. D..., avocat à la Cour royale de Paris. Un vol. orné de fig. 3 fr.

— DES JEUNES GENS, ou Sciences, arts et récréations qui leur conviennent, et dont ils peuvent s'occuper avec agrément et utilité, tels que jeux de billes, etc.; la gymnastique, l'escrime, la natation, etc.; les amusemens d'arithmétique, d'optique, aérostatiques, chimiques, etc.; tours de magie de cartes, feux d'artifice, jeux de dames, d'échecs, etc.; traduit de l'anglais par Paul Vergnaud. Ouvrage orné d'un grand nombre de vignettes gravées sur bois par Godard. Deux vol. 6 fr.

— DES JEUX DE CALCUL ET DE HASARD, ou nouvelle Académie des jeux, contenant tous les jeux préparés simples, tels que les jeux de l'Oie, de Loto, de Domino, les jeux préparés composés, comme Dames, Trictrac, Echecs, Billard, etc.; 1° tous les jeux de Cartes, soit simples, soit composés, 2° les jeux d'enfans, les jeux communs, tels que la Bête, la Mouche, la Triomphe, etc.; 3° les jeux de salon, comme le Boston, le Reversis, le Whiste; les jeux d'application, le Piquet, etc.; 4° les jeux de distraction, comme le Commerce, le Vingt-et-Un, etc.; 5° enfin les jeux spécialement dits de Hasard, tels que le Pharaon, le Trente et Quarante, la Roulette, etc. Seconde édition; par M. Lebrun. Un vol. 3 fr.

— DES JEUX DE SOCIÉTÉ, renfermant tous les jeux qui conviennent aux jeunes gens des deux sexes, tels que Jeux de jardin, Rondes, Jeux-Rondes, Jeux publics, Montagnes russes et autres; Jeux de salon, Jeux préparés; Jeux-Gages, Jeux d'Attrape, d'Action, Charades en action; Jeux de Mémoire, Jeux d'Esprit, Jeux de Mots, Jeux-Proverbes, Jeux-Pénitences, etc.; par madame Celnart. Deuxième édition. Un gros vol. 3 fr.

— DES CLASSES ÉLÉMENTAIRES DE LATIN, ou Cours de thèmes pour les huitième et septième, par M. Seuize, instituteur. Un vol. 2 fr. 50 c.

MANUEL DU LIMONADIER ET DU CONFISEUR, contenant les meilleurs procédés pour préparer le café, le chocolat, le punch, les glaces, boissons rafraîchissantes, liqueurs, fruits à l'eau-de-vie, confitures, pâtes, esprits, essences, vins artificiels, pâtisserie légère, bière, cidre, eaux, pommades et poudres cosmétiques, vinaigres de ménage et de toilette, etc., etc.; par M. CARDELLI. Un gros vol. *Sixième édition*   1 fr. 50 c.

— **DE LITTÉRATURE A L'USAGE DES DEUX SEXES**, contenant un précis de rhétorique, un traité de la versification française, la définition de tous les différens genres de compositions en prose et en vers, avec des exemples tirés des prosateurs et des poëtes les plus célèbres, et des préceptes sur l'art de lire à haute voix, par M. VIGÉE. *Troisième édition*, revue par madame d'HACTPOLL. Un vol. in 18.   1 fr. 75 c.

— **DU LUTHIER**, contenant, 1° la construction intérieure et extérieure des instrumens à archets, tels que Violons, Alto, Basses et Contre-Basses; 2° la construction de la Guitare; 3° la confection de l'Archet; par M. J.-C. MAUGIN. Un vol., orné de planches.   3 fr. 50 c.

— **DU MAÇON-PLATRIER, DU CARRELEUR, DU COUVREUR ET DU PAVEUR**; par TOUSSAINT. Un vol. orné de planches.   3 fr.

— **DE LA MAITRESSE DE MAISON ET DE LA PARFAITE MÉNAGÈRE**, ou Guide pratique pour la gestion d'une maison à la ville et à la campagne, contenant les moyens d'y maintenir le bon ordre et d'y établir l'abondance, de soigner les enfans, de conserver les substances alimentaires, etc.; *Troisième édition*, revue par madame CELNART. Un vol.   2 fr. 50 c.

— **DE MAMMALOGIE**, ou l'Histoire naturelle des Mammifères; par M. LESSON, membre de plusieurs Sociétés savantes. 1 gros vol. 3 fr. 50 c. **ATLAS DE MAMMALOGIE**, composé de 80 planches représentant la plupart des animaux décrits dans l'ouvrage ci-dessus. Figures noires. 12 fr. Figures coloriées.   24 fr.

MANUEL COMPLET DES MARCHANDS DE BOIS ET DE CHARBONS, ou Traité de ce commerce en général, contenant tout ce qu'il est utile de savoir, depuis l'ouverture des adjudications des coupes jusques et compris l'arrivée et le débit des bois et charbons, ainsi que le précis des lois, ordonnances, réglemens, etc., sur cette matière; suivi de NOUVEAUX TARIFS pour le cubage et le mesurage des bois de toute espèce, en anciennes et nouvelles mesures; par M. MARRÉ DE L'ISLE, ancien agent du flottage des bois. *Seconde édition*. Un vol.   3 fr.

— **DU MÉCANICIEN-FONTAINIER, POMPIER, PLOMBIER**, contenant la théorie des pompes ordinaires, des machines hydrauliques les plus usitées, et celle des pompes rotatives, leur application à la navigation sous-marine, à un mode de nouveau réfrigérant; l'Art du Plombier, et la description des appareils les plus nouveaux relatifs à cette branche d'industrie; par MM. JANVIER et BISTON. *Deuxième édition*. Un vol., orné de planches. 3 fr.

— **D'APPLICATIONS MATHÉMATIQUES USUELLES ET AMUSANTES**, contenant des problèmes de Statique, de Dynamique, d'Hydrostatique et d'Hydrodynamique, de Pneumatique, d'Acoustique, d'Optique, etc., avec leurs solutions; des notions de Chronologie, de Gnomonique, de Levée des Plans, de Nivellement, de Géométrie pratique, etc., avec les formules y relatives; plus, un grand nombre de tables usuelles, et terminé par un Vocabulaire renfermant la substance d'un Cours de Mathématiques élémentaires; par M. RICHARD. *Deuxième édition*. Un gros vol.   3 fr.

— **SIMPLIFIÉ DE MUSIQUE**, ou Nouvelle Grammaire contenant les principes de cet art; par M. LE DUOY. Un vol.   1 fr. 50 c.

— **DE MÉCANIQUE**, ou Exposition élémentaire des lois de l'équilibre et du mouvement des corps solides, à l'usage des personnes privées du secours d'un maître; par M. TERQUEM. *Deuxième édition*. Un gros vol., orné de planches.   3 fr. 50 c.

— **DE MÉDECINE ET CHIRURGIE DOMESTIQUES**, contenant un choix des remèdes les plus simples et les plus efficaces pour la guérison de toutes

les maladies internes et externes qui affligent le corps humain. *Troisième édition*, entièrement refondue et considérablement augmentée; par M. Morin,
docteur-médecin. Un vol. 3 fr. 50 c.

MANUEL DU MENUISIER EN MEUBLES ET EN BATIMENS, de
l'Art de l'ébéniste, contenant tous les détails utiles sur la nature des bois indigènes et exotiques, la manière de les teindre, de les travailler, d'en faire toutes espèces d'ouvrages et de meubles, de les polir et vernir, d'exécuter toutes
sortes de planches et de marqueterie; par M. Nosban, menuisier-ébéniste.
Quatrième édition, Deux vol., ornés de planches. 6 fr.

— **DE LA JEUNE MÈRE**, ou Guide pour l'éducation physique et mo-
rale des enfans; par madame Campan, surintendante d'Ecouen. Un vol. 3 fr.

— **DE MÉTÉOROLOGIE**, ou Explication théorique et démonstrative des
phénomènes connus sous le nom de météores; par M. Fellens. Un vol., orné
de planches. 3 fr. 50 c.

— **DE MINÉRALOGIE** ou Traité élémentaire de cette science, d'après
l'état actuel de nos connaissances; par M. Blondeau *Troisième édition*, revue
par M. Julia Fontenelle. Un gros vol. 3 fr. 50 c.

ATLAS DE MINÉRALOGIE, composé de 40 planches représentant la
plupart des minéraux décrits dans l'ouvrage ci dessus:
Figures noires. 6 fr. Figures coloriées 12 fr.

— **DE MINIATURE ET DE GOUACHE**, par M. Constant Viguier;
suivi du Manuel du Lavis a la seppia et de l'Aquarelle, par M. Langlois
de Longueville. *Troisième édition*. Un gros vol., orné de planches. 3 fr.

— **D'HISTOIRE NATURELLE MÉDICALE ET DE PHARMACO-
GRAPHIE**, ou Tableau synoptique, méthodique et descriptif des produits
que la médecine et les arts empruntent à l'histoire naturelle; *res non verba*, par
M. R. P. Lesson, pharmacien en chef de la marine et professeur de chimie à
l'école de médecine de Rochefort. Deux vol. 5 fr.

— **DE L'HISTOIRE NATURELLE DES MOLLUSQUES ET DE
LEURS COQUILLES**, ayant pour base de classification celle de M. Cuvier.
par M. Rang. Un gros vol., orné de planches. 3 fr. 50 c.

ATLAS POUR LES MOLLUSQUES, représentant les Mollusques nus et
les coquilles, 51 planches. Figures noires. 7 fr.
Figures coloriées. 14 fr.

MANUEL DU MOULEUR, ou l'Art de mouler en plâtre, carton, carton-
pierre, carton cuir, cire, plomb, argile, bois, écaille, corne, etc., etc., contenant tout ce qui est relatif au moulage sur nature morte et vivante, au moulage de l'argile, etc.; par M. Lebrun. Un vol., orné de figures. 2 fr. 50 c.

— **DU MOULEUR EN MÉDAILLES**, ou l'Art de les mouler en plâtre,
en soufre, en cire, à la mie de pain et en gélatine, ou à la colle-forte; suivi de
l'art de clicher ou de frapper les creux et les reliefs en métaux, par M. F. B.
Robert, membre de la société d'émulation du Jura. Un vol. 1 fr. 50 c.

— **DU NATURALISTE PRÉPARATEUR**, ou l'Art d'empailler les animaux, de conserver les végétaux et les minéraux; par M. Boitard. Un vol.
Troisième édition. 3 fr.

— **DU NÉGOCIANT ET DU MANUFACTURIER**, contenant les Lois
et Règlemens relatifs au commerce, aux fabriques et à l'industrie; la connaissance des marchandises; les usages dans les ventes et achats; les poids, mesures, monnaies étrangères; les douanes et les tarifs des droits; par M. Paccast.
Un vol. 2 fr. 50 c.

— **DES OFFICIERS MUNICIPAUX**, Nouveau guide des maires, ad-
joints et conseillers municipaux, dans leurs rapports avec l'ordre administratif
et l'ordre judiciaire, les collèges électoraux, la garde nationale, l'armée, l'administration forestière, l'instruction publique et le clergé, selon la législation
nouvelle; suivi d'un formulaire de tous les actes d'administration et de police
administrative et judiciaire: par M. Boyard. *Deuxième édit.* Un gros vol. 3 fr.

— **SIMPLIFIÉ DE L'ORGANISTE**, ou nouvelle méthode pour exécuter sur l'orgue tous les offices de l'année, selon les rituels parisien et

romain, sans qu'il soit nécessaire de connaître la musique, par M. Miné, organiste de Saint-Roch; suivi des leçons d'orgue de Kegel. Un vol. in-8 oblong.   3 fr. 50 c.

MANUEL D'OPTIQUE, par MM. David Brewster, membre et correspondant de l'Institut de France, et Vergnaud. Deux vol. ornés de pl.   6 fr.

— **D'ORNITHOLOGIE DOMESTIQUE**, ou Guide de l'amateur des oiseaux de volière, histoire générale et particulière des oiseaux de chambre, avec les préceptes que réclament leur éducation, leurs maladies, leur nourriture, etc, etc.; ouvrage entièrement refondu par M. R. P. Lesson. Un vol.
                                                                         2 fr. 50 c.

— **D'ORNITHOLOGIE**, ou Description des genres et des principales espèces d'oiseaux; par M. Lesson. Deux gros vol   7 fr.

ATLAS D'ORNITHOLOGIE, composé de 129 planches représentant les oiseaux décrits dans l'ouvrage ci-dessus. Figures noires.   20 fr.
Figures coloriées.   40 fr.

MANUEL DE L'ORTHOGRAPHISTE, ou Cours théorique et pratique d'orthographe, contenant des règles neuves ou peu connues sur le redoublement des consonnes, sur les diverses manières de représenter les sons ressemblans de la langue française, suivi d'un recueil d'exercice, d'un traité de ponctuation, etc., par T. Trémery. Un vol.   1 fr. 50 c.

— **DU PARFUMEUR**, contenant les moyens de perfectionner les pâtes odorantes, les poudres de diverses sortes, les pommades, les savons de toilette, les eaux de senteur, les vinaigres, élixirs, etc., etc., et où se trouve indiqué un grand nombre de compositions nouvelles; par madame Celnart. Deuxième édition. Un vol.   2 fr. 50 c.

— **DU MARCHAND PAPETIER ET DU RÉGLEUR**, contenant la connaissance des papiers divers, la fabrication des crayons naturels et factices gris, noirs et colorés; la préparation des plumes; des pains et de la cire à cacheter, de la colle à bouche, des sables, etc.; par M. Julia-Fontenelle et M. Poisson. Un gros vol. orné de planches.   3 fr.

— **DU PATISSIER ET DE LA PATISSIÈRE**, à l'usage de la ville et de la campagne, contenant les moyens de composer toutes sortes de pâtisseries; par M. Leblanc, Deuxième édition. Un vol.   2 fr. 50 c.

— **DE PHARMACIE POPULAIRE**, simplifiée et mise à la portée de toutes les classes de la société, contenant les formules et les pratiques nouvelles publiées dans les meilleurs dispensaires, les cosmétiques et les médicamens par brevet d'invention, les secours à donner aux malades dans les cas urgens avant l'arrivée du médecin, etc.; par M. Julia Fontenelle. Deux vol. 6 fr.

— **DU PÊCHEUR FRANÇAIS**, ou Traité général de toutes sortes des pêches; l'Art de fabriquer les filets; un traité sur les étangs; un Précis des lois, ordonnances et réglemens sur la pêche, etc., etc.; par M. Pesson-Maisonneuve. Deuxième édition. Un vol., orné de figures.   3 fr.

— **DU PEINTRE EN BATIMENS, DU DOREUR ET DU VERNISSEUR**, ouvrage utile tant à ceux qui exercent ces arts qu'aux fabricans de couleur et à toutes les personnes qui voudraient décorer elles-mêmes leurs habitations, leurs appartemens, etc.; par M. Vergnaud. Sixième édition, revue et augmentée. Un vol.   2 fr. 50 c.

— **DU PEINTRE D'HISTOIRE ET DU SCULPTEUR**, par M. Arsenne. Deux vol.   6 fr.

— **DE PERSPECTIVE, DU DESSINATEUR ET DU PEINTRE**, contenant les Elémens de géométrie indispensables au tracé de la perspective, la perspective linéaire et aérienne, et l'étude du dessin et de la peinture, spécialement appliquée au paysage; par M. Vergnaud, ancien élève de l'Ecole Polytechnique. Quatrième édition. Un vol., orné d'un grand nombre de pl.   3 fr.

— **DE PHILOSOPHIE EXPÉRIMENTALE**, ou Recueil de dissertations sur les questions fondamentales de métaphysique, extraites de Locke, Condillac, Destutt-Tracy, Degérando, La Romiguière, Jouffroy, Reid, Du-

2

gald Stewart, Kant, Courier, etc.; ouvrage conçu sur le plan des leçons de M. Noël; par M. Amici, régent de rhétorique à l'Académie de Paris. Un gros vol.
3 fr. 50 c.

MANUEL DE PHYSIOLOGIE VÉGÉTALE, DE PHYSIQUE, DE CHIMIE ET DE MINÉRALOGIE, APPLIQUÉES A LA CULTURE; par M. Boitard. Un vol. orné de pl.
3 fr.

— **DE PHYSIQUE**, ou Élémens abrégés de cette science, mis à la portée des gens du monde et des étudians, contenant l'exposé complet et méthodique des propriétés générales des corps solides, liquides et aériformes, ainsi que les phénomènes du son; suivi de la nouvelle Théorie de la lumière dans le système des ondulations, et de celles de l'électricité et du magnétisme réunis; par M. Bailly, élève de MM. Arago et Biot. *Sixième édition.* Un vol. orné de pl.
2 fr. 50 c.

— **DE PHYSIQUE AMUSANTE**, ou nouvelles Récréations physiques, contenant une suite d'expériences curieuses, instructives, et d'une exécution facile: ainsi que diverses applications aux arts et à l'industrie; suivi d'un Vocabulaire de physique; par M. Julia Fontenelle. *Quatrième édition.* Un vol. orné de pl.
3 fr.

— **DU POÊLIER-FUMISTE**, ou Traité complet de cet art, indiquant les moyens d'empêcher les cheminées de fumer, l'art de chauffer économiquement et d'aérer les habitations, les manufactures, les ateliers, etc.; par M. Ardenni et Julia Fontenelle. *Deuxième édition.* Un vol. orné de pl.
3 fr.

— **DES POIDS ET MESURES**, des Monnaies et du Calcul décimal; par M. Tarbé. *Quinzième édition.* Un vol.
3 fr.

— **DU PORCELAINIER, DU FAIENCIER ET DU POTIER DE TERRE**, suivi de l'Art de fabriquer les terres anglaises et de pipe, ainsi que les poêles, les pipes, les carreaux, les briques et les tuiles; par M. Boïss, ancien fabricant et pensionnaire du Roi. Deux vol.
6 fr.

— **DU PRATICIEN**, ou Traité complet de la science du Droit mise à la portée de tout le monde, où sont présentées les instructions sur la manière de conduire toutes les affaires, tant civiles que judiciaires, commerciales et criminelles, qui peuvent se rencontrer dans le cours de la vie, avec les formules de tous les actes, et suivi d'un Dictionnaire administratif abrégé; par MM. D*** et Rondonneau. *Troisième édition.* Un gros vol.
3 fr. 50 c.

— **DES PROPRIÉTAIRES D'ABEILLES**, contenant: 1° la ruche villageoise et lombarde, et les ruches à hausses, perfectionnées au moyen de petits grillages en bois, très faciles à exécuter; 2° des procédés pour réunir ensemble plusieurs ruches faibles, afin d'être dispensé de les nourrir; 3° une méthode très avantageuse de gouverner les abeilles, de quelque forme que soient leurs ruches, pour en tirer de grands profits; par J. Radoux. *Troisième édition,* corrigée, et suivie de L'Art d'élever les vers à soie et de cultiver le mûrier par M. Morin. Un gros vol. orné de pl.
3 fr.

— **DU PROPRIÉTAIRE ET DU LOCATAIRE OU SOUS-LOCATAIRE**, tant de biens de ville que de biens ruraux; par M. Sergent. *Troisième édition.* Un volume.
1 fr. 50 c.

— **DE LA PURETÉ DU LANGAGE**, ou Dictionnaire des difficultés de la langue française, relativement à la prononciation, au genre des substantifs, à l'orthographe, à la syntaxe et à l'emploi des mots, où sont signalées et corrigées les expressions et les locutions vicieuses usitées dans la conversation; par MM. Biscarrat et Boniface. 1 vol.
2 fr. 50 c.

— **DU RELIEUR DANS TOUTES SES PARTIES**, précédé des Arts de l'assembleur, du brocheur, du marbreur, du doreur et du satineur; par M. Sébastien Lenormand. *Seconde édition.* Un gros vol. orné de pl.
3 fr.

— **DU SAPEUR-POMPIER**, contenant la description des machines en usage contre les incendies, l'ordre du service, les exercices pour la manœuvre des pompes, etc.; par M. Joly, capitaine; suivi de la description du tonneau hydraulique et de la pompe aspirante et foulante; par M. Launay. Un vol. avec pl. *Troisième édition.*
1 fr. 50 c.

MANUEL DU SAVONNIER, ou l'Art de faire toutes sortes de savons ; par une réunion de fabricans, et rédigé par mad. GACON-DUFOUR et un ofesseur de chimie. Un vol.   3 fr.

— **DU SERRURIER**, ou Traité complet et simplifié de cet art, d'après les notes fournies par plusieurs Serruriers distingués de la capitale, et rédigé par M. le comte de GRANDPRÉ, *Seconde édition*. Un vol. orné de pl.   3 fr.

— **DU SOMMELIER**, ou instruction pratique sur la manière de soigner les vins ; contenant la dégustation, la clarification, le collage et la fermentation secondaire des vins, les moyens de prévenir leur altération et de les rétablir lorsqu'ils sont dégénérés, de distinguer les vins purs des vins mélangés, frelatés ou artificiels, etc., etc. ; dédié à M. le comte Chaptal par M. Julien ; quatrième édition, 1 vol. in 12, orné d'un grand nombre de figures.   4 fr.

— **DE STÉNOGRAPHIE**, ou l'Art de suivre la parole en écrivant par M. Hip. PRÉVOST. Un volume, orné de planches.   1 fr. 75 c.

— **DU TAILLEUR D'HABITS**, ou Traité complet et simplifié de cet art, contenant la manière de tracer, couper, confectionner les vêtemens ; précédé d'une Notice sur les outils du tailleur, sur les étoffes à employer pour les vêtemens d'homme, etc., ainsi que les uniformes de tous les corps de l'armée ; par M. VANDAEL, tailleur au Palais-Royal. Un vol. orné d'un grand nombre de fig.   1 fr 50 c

— **COMPLET DES SORCIERS**, ou la Magie blanche dévoilée par les découvertes de la chimie, de la physique et de la mécanique ; les scènes de ventriloquie, etc., exécutées et communiquées par M. COMTE, physicien du Roi. et par M. J. FONTENELLE. *Deuxième édition*. Un gros vol. orné de pl.   3 fr.

— **DU TANNEUR, DU CORROYEUR, DE L'HONGROYEUR ET DU BOYAUDIER**, contenant les procédés les plus nouveaux, toutes les découvertes faites jusqu'à ce jour, relativement à la préparation et à l'amélioration des cuirs, et généralement toutes les connaissances nécessaires à ceux qui veulent pratiquer ces arts. *Seconde édition*, revue par M. JULIA DE FONTENELLE. Un vol. orné de pl.   3 fr. 60 c.

— **DU TAPISSIER, DÉCORATEUR ET MARCHAND DE MEUBLES**, contenant les principes de l'Art du tapissier, les instructions nécessaires pour choisir et employer les matières premières, décorer et meubler les appartemens, etc., par M. GARNIER AUDIGER. Un vol. orné de fig.   2 fr. 50 c.

— **COMPLET DU TENEUR DE LIVRES**, ou l'Art de tenir les livres en peu de leçons, par des moyens prompts et faciles : les diverses manières d'établir des comptes courans avec ou sans nombres rouges de calculer les époques communes, les intérêts, les escomptes, etc., etc. ; ouvrage à l'aide duquel on peut apprendre sans maître ; par M. TREMERY, professeur. *Deuxième édition*. Un gros vol.   3 fr.

— **DU TEINTURIER**, comprenant l'Art de teindre la laine, le coton, la soie, le fil, etc., ainsi que tout ce qui concerne L'ART DU TEINTURIER DÉGRAISSEUR, etc., etc. ; par M. VERGNAUD. *Troisième édition*. Un gros vol. orné de figures.   3 fr.

— **DU TOISEUR EN BATIMENS**, ou Traité complet de l'art de toiser tous les ouvrages de bâtiment, mis à la portée de tout le monde : ouvrage indispensable aux architectes, ingénieurs, experts, vérificateurs, propriétaires, etc., à l'usage de toutes les personnes qui s'occupent de la construction ou qui font bâtir : par M. LEBOSSU, Première partie, *Terrasse* et *Maçonnerie*. Un vol orné de fig.   2 fr. 50 c.

— Deuxième partie, contenant la menuiserie, la peinture, la tenture, la vitrerie, la dorure, la charpente, la serrurerie, la couverture, la plomberie, la marbrerie, le carrelage, le pavage, la poêlerie, la fumisterie, le grillage et le treillage. Un vol.   2 fr. 50 c.

— **DU TRAVAIL DES METAUX**, fer et acier manufacturés ; traduit de l'anglais par M. Vergnaud, capitaine d'artillerie. 2 vol. ornés de planches. 6 fr.

— **DU TOURNEUR**, ou Traité complet et simplifié de cet art, d'après les

enseignemens fournis par plusieurs Tourneurs de la capitale ; rédigé par M. Dessables. *Deuxième édition.* Deux vol. ornés de pl.
6 fr.

MANUEL DE TYPOGRAPHIE, IMPRIMERIE, contenant les principes
théoriques et pratiques de l'imprimeur-typographe ; par M. Fery. 2 vol. ornés
d'un grand nombre de planches.
5 fr.

— **DU VERRIER ET DU FABRICANT DE GLACES**, cristaux, pierres
précieuses, factices, verres colorés, yeux artificiels, etc. ; par M. Julia
Fontenelle. Un gros vol. orné de pl.
5 fr.

— **DU VÉTÉRINAIRE**, contenant la connaissance générale des chevaux,
la manière de les élever, de les dresser et de les conduire, la description de
leurs maladies, et les meilleurs modes de traitement, des préceptes sur la fer-
rure, suivi de L'Art de l'équitation ; par M. Lebeaud. *Troisième édition.* Un
vol.
3 fr

— **DU VIGNERON FRANÇAIS**, ou l'Art de cultiver la vigne, de faire
les vins, eaux-de-vie et vinaigres, contenant les différentes espèces et variétés
de la vigne, ses maladies et les moyens de les prévenir ; les meilleurs procédés
pour gouverner perfectionner et conserver les vins, les eaux-de-vie et vinaigres,
ainsi que la manière de faire avec ces substances toutes les liqueurs, de gouverner une cave, mettre en bouteilles, etc., etc.; enfin de profiter avec avantage
de tout ce qui nous vient de la vigne ; suivi d'un coup d'œil sur les maladies particulières aux vignerons ; par M. Thiebaud de Bernaud. Un gros vol. orné de
pl. *Quatrième édition.*
3 fr

— **DU VINAIGRIER ET DU MOUTARDIER**, suivi de nouvelles Recherches sur la fermentation vineuse, présenté à l'Académie royale des sciences ; par M. Julia Fontenelle. Un vol.
3 fr.

— **DU VOYAGEUR DANS PARIS**, ou Nouveau Guide de l'étranger dans
cette capitale, soit pour la visiter ou s'y établir ; contenant la description historique, géographique et statistique de Paris, son tableau politique, sa description intérieure, tout ce qui concerne Paris, les besoins, les habitudes de la
vie, les amusemens, etc., etc., orné de plans et de planches représentant ses
monumens ; par M. Lebson. Un gros vol.
3 fr. 50 c.

— **DU ZOOPHILE**, ou l'Art d'élever et de soigner les animaux domestiques ; par un propriétaire cultivateur, et rédigé par madame Celnart. Un
vol.
2 fr. 50 c.

OUVRAGES SOUS PRESSE :

MANUEL DU BIBLIOPHILE ET DE L'AMATEUR DE LIVRES,
par M. F. Denis.

— DE CHRONOLOGIE.
— DU FABRICANT DE SOIE.
— DU FACTEUR D'ORGUES.
— DU FILATEUR EN GÉNÉRAL ET DU TISSERAND, 1 vol.
— DE GÉOLOGIE.
— DE MYTHOLOGIE.
— DU LAYETIER ET DE L'EMBALLEUR.
— DE MUSIQUE VOCALE ET INSTRUMENTALE, par M. Choron.
— DU TONNELIER BOISSELIER.
— DE L'AMATEUR DES ROSES.
— D'HISTOIRE UNIVERSELLE.
— DU NOTARIAT.
— DE L'INGÉNIEUR EN INSTRUMENS DE PHYSIQUE, chimie,
optique et mathématique.
— DU FABRICANT D'INSTRUMENS DE CHIRURGIE.
— DU TREILLAGEUR.
— DE LA COUPE DES PIERRES.

COLLECTION

DE MANUELS

FORMANT UNE

ENCYCLOPÉDIE

DES SCIENCES ET DES ARTS,

FORMAT IN-18;

Par une réunion de Savans et de Praticiens;

MESSIEURS

Amoros, Arsenne, Boisduv... ...sc, Choron, *Ferdinand* Denis, Julia ...enelle, Huot, Lacroix, Landrin, Launay, *Sébastien* Lenormand, Lesson, Peuchet, Richard, Rondonneau, Riffault, Terquem, Vergnaud, etc., etc.

Tous les traités se vendent séparément; pour les recevoir franc de port, il faut ajouter 50 centimes par volume.

Cette Collection étant une entreprise toute philantropique, les personnes qui auraient quelque chose à nous faire parvenir dans l'intérêt des sciences et des arts, sont priées de l'envoyer franc de port à l'adresse de M. le *Directeur de l'Encyclopédie in-18*, chez Roret, libraire, rue Hautefeuille, n° 10 *bis*, à Paris.

www.ingramcontent.com/pod-product-compliance
Lightning Source LLC
Chambersburg PA
CBHW070507200326
41519CB00013B/2747